Die Zukunft der Welt =

Die Zukunft d. Menschheit ?

Dieses wissenschaftlich fundierte Buch – so phänomenal realistisch geschrieben – übertrifft alles, was Sie je gelesen haben.

Duc Hao Luu BSc (Hons), Dipl.-Inform. (FH) 2020

Für das Gute im Menschen, denn der Gute denkt an Morgen.

Bibliografische Information der Deutschen Nationalbibliothek:
Die Deutsche Nationalbibliothek verzeichnet diese Publikation
in der Deutschen Nationalbibiografie, detaillierte
bibliografische Daten sind im Internet unter http://dnb.dnb.de
abrufbar.
© 2020 Luu, Duc Hao
Herstellung und Verlag: BoD - Books on Demand, Norderstedt
ISBN: 9783751919630

VORWORT

Verfolgen wir aufmerksam die Neuigkeiten über die bahnbrechenden, wissenschaftlichen Erkenntnisse, so wissen wir inzwischen viel mehr als unsere Väter und Vorväter. Unser Wissen erneuert sich ständig, obwohl der Alltag immer schon wie seit Urzeiten zu sein scheint.

Nach Charles Darwin haben sich die Einzeller nach anfänglicher Dauer weit genug entwickelt, dass aus ihnen die ersten Faunen entstanden, später die ersten Affen und danach die ersten Menschen. Selbstverständlich eilten ihnen die Pflanzenwelt voraus. Sie ist Nahrung für die sekundären Lebensformen auf der Erde. Denken wir nur an die leckeren Wildbeeren und Früchte, die unsere Vorfahren gegessen haben. Eine intakte Umwelt ist Voraussetzung für eine intakte Weiterentwicklung der Primaten.

Seit sich die Affen so weit angepasst haben, die auf einfachste Weise logisch denken, das Gesehene vergleichen können und die ersten Sprachen herausgebildet haben, nannten Sie sich Menschen. Vermutlich haben die Orang-Utans die selben Fähigkeiten eines Kindes bzw. die selbe Hilfsbereitschaft gegenüber den Menschen, weshalb die Indonesier sie als Waldmensch nannten, der bei den Bäumen wohnt. Wir sind demnach nichts anderes als höher entwickelte Affen. Schaltet man den Verstand aus, als Folge eines Gehirnschadens durch Verkehrsunfall zum Beispiel, dann handelt der Mensch instinktiv wie ein normales Tier. Seine animalische Vermehrung läuft denn nach biologisch vorgegebenem Muster. Die Nachkommen müssen zusehen, wie sie selber in der Natur zurechtkommen. Jedoch können wir zusätzlich dazu die Nischen ausfindig machen. Daher dominieren wir in der Tierwelt. Gerade darin retten wir unsere Mitgeschöpfe. Wir alle sitzen nämlich im selben Naturboot. Die Wildnis schreibt ihr eigenes Gesetz, in der unter anderem die globale Erderwärmung vorkommt.

Die Evolution setzte sich fort. Die Sprachen haben sich mehr vereinheitlicht. Schriften entstanden. Mittlerweile sprechen ausreichend viele Leute Englisch, dass die Kommunikation voranschreitet wie niemals zuvor. Wie Sie erahnen, ist Englisch verwandt mit Deutsch. Das ist der Grund, warum Sie kaum Verständnisprobleme haben werden. Ohnehin mussten begleitende Hürden bei der Fertigstellung des Buches ausgeräumt werden, die einer Sabotage von Irrgläubigen beiderlei Geschlechts gleichkam.

Die Englische Version erscheint zu gegebener Zeit. Ihr

Duc Hao Luu
BSc (Hons), Dipl.-Inform. (FH)

München, 20.08.2018

GESCHICHTE IM GESTEIN

Des besseren Verständnisses wegen, haben Archäologen in der Vergangenheit versucht, Informationen in konservierten Mumien, Grab-, Prozessionsanlagen herauszulesen. Ganze Gebiete der Pharaonen-Ruhestätten, der alten, verlassenen Hochkulturen und vieles mehr wurden erforscht. Pharaonen sind bekanntermaßen Götter der Alten Ägypter. Sie pflegten ihre Tradition der heiligen Begräbnis, weil sie an das Weiterleben und die Auferstehung glaubten. Die königliche Gefolgschaft lebt mit dem Ableben über den Tod hinaus weiter. Der Glaube allein kann buchstäblich Berge versetzen. Aus diesem Leitmotiv wurden die gewaltigen Pyramiden gebaut.

Wissenschaftler setzen den archäologischen Trend fort und versuchen nun, die Geschichte im Gestein zu lesen. Bohrungen bis in die unbekannte Tiefe der Erdkruste einschließlich in der Arktis liefern uns die Beweise für das Geschehene in der Vergangenheit. Sie geben uns Aufschluss darüber, welche Naturkatastrophen wie Tsunamis, Vulkanausbrüche, Meteoriteneinschläge und ähnliches vor unserer Zeit ausgesehen haben müssen, welche Primaten auf der Erde vorherrschten und ausgestorben sind. Darüber hinaus wurden autarke Bakterien in der Tiefe gefunden. Sie leben in einer unterirdischen Parallelwelt.

Offensichtlich fielen Tiere und Pflanzen im Laufe der

Evolution den Feinden zum Opfer. Teile von ihnen fielen nicht auf. Sie passten sich an und entwickelten sich nach den ereigneten Naturkatastrophen weiter. Die Selektion ist das Ergebnis, insofern das, was reell überlebt hatte. Das gilt für alles Lebendige.

FRAGMENTE HISTORISCHER FUNDE

Wer kennt heutzutage die Dinosaurier nicht? Gelegentliche Knochenfunde auf der Erdoberfläche haben einst niemandem interessiert, bis eines Tages riesige Exemplare hervorstachen. Stammen sie von sagenumwobenen Riesen oder gar von Monstern? Die Teile wurden gesammelt, zusammengesetzt und siehe da, es waren meterhohe Skelette von frühzeitlichen Säugetieren. Schließlich begann man nachzuforschen. Das Interesse wuchs derart, dass fortan weltweit nach Riesenknochen gesucht wurden, um sie zusammengefügt in Museen auszustellen. Die sogenannten Dinosaurier und Co. wurden geordnet, sortiert und entsprechend ihrer datierten Lebzeiten katalogisiert.

Bald stellen Riesenexemplare Raritäten dar. Kleinere wurden erforscht. Verschiedene Tierarten lebten in verschiedenen Zeitspannen. Sie bekamen ebenfalls Namen, die bis heute benutzt werden. Nach weiteren anatomischen Erkenntnissen auf diesem Gebiet fanden Fachleute heraus, wie die einzelnen Tierarten ausgesehen haben, aus was ihre Nahrung bestehen und wissen schlussfolgernd einiges über die örtliche Fauna in jenen

Epochen. Jedoch sind die Ur-Vegetationen geschichtlich nicht zusammenhängend nachvollziehbar, zumal nur die bis dato konservierten Skelette gefunden wurden. Eines steht fest, nicht alle ehemaligen Spezies leben noch hier und jetzt auf der Erde. Es gab sie nur in bestimmten Epochen.

Wie real existierende Ur-Tiere und Ur-Menschen bis ins Detail ausgesehen haben, welche Nahrung sie zu sich nahmen, zeigen die gefundenen Mooropfer. Hier bekommen wir den Eindruck unmittelbar vor ihrem eintretenden Tod. Weniger problematisch gestaltete sich die Bestimmung des Alters der Funde. Die Opfer waren der Natur immer wieder schutzlos ausgeliefert. Sie erzählen uns nun ihre eigene Geschichte.

Stellen Sie sich vor, das Baumsterben gab es nicht nur in der heutigen Zeit. In prähistorischen Zeitabschnitten gab es derartiges in Massen. Das zeigen außerdem die versteinerten Baumstämme. Sie belegen, wie groß Bäume lange vor uns waren, wie alt sie wurden. Mehr Details erkennen sicherlich die Botaniker. Im Laufe eines natürlichen Baumlebens, verrottete das Holz langsam, bis es schließlich zerfiel und zu Staub wurde. Doch diese Bäume sind uns erhalten geblieben, weil sie plötzlich verschüttet, begruben, in der Erde konserviert und durch Mineralien versteinert wurden. In Ihnen stehen mehr Informationen.

Nicht zu sterben brauchen die Tiere auf Höhlenbilder. In

Frankreich konnten wir sie bestaunen, die Jäger inmitten einer blühenden Wildnis vorfanden. Aus irgendeinem Grund haben die früheren Künstler sie verewigt. Liebten sie etwa ihre Schönheit wie wir? Jedenfalls bekommen wir ein Bild davon, wie jene Umgebung im etwa ausgesehen haben musste. Auf anderen, bemalten Wänden können wir Seltenheiten bestaunen, die heute ebenfalls nicht mehr unter uns weilen.

Manche Trockengebiete beherbergen zahlreiche Felsbilder. Darauf sind Lebewesen inmitten einer schönen Natur abgebildet. Damals musste es mit Sicherheit genügend Wasser gegeben haben. Die erkennbare Vegetation belegten das. Im Gegensatz dazu finden wir aktuell kein Wasser auf dem selben Landfleck. Dürre bedrohten viele Organismen jüngeren Datums.

Kommen wir zurück zu den Pharaonen. Wunderschöne Szenen sind in den Pyramiden abgebildet. Sie wurden speziell für die Ewigkeit angefertigt und verherrlichen die Heldentaten des jeweiligen Herrschers. Der Zweck nach der Auferstehung ist, ihn über sein früheres Leben aufzuklären. Die Ägypter glaubten, dass er dann erneut sein Volk führen wird. Tatsächlich wurden die bildlichen Darstellungen nicht nur für ihn erstellt, sondern, wie wir besser wissen, für die Nachwelt. Was sehen wir darauf? Zunächst eine hochentwickelte Gesellschaft mit den ägyptischen Göttern. Beschrieben wurden Kenntnisse der Balsamierung, Medizin, Technik, Kriegsführung und vieles mehr. Tiere wurden detailliert repliziert. Sie sind das Abbild der Realität am Nil. Eine Szene erläutert den

Traubenanbau, die Saftherstellung durch Zertreten mit den Füßen und die (Wein-) Lagerung in Krügen. Die Religion basiert auf Fakten. Sie hat sich heutzutage gewandelt.

Eine Untergangsgeschichte erzählt uns Pompei. Die prächtige Stadt wurde durch einen gewaltigen Vulkanausbruch zerstört und mit einer meterhohen Lava-Asche-Schicht bedeckt. Das Leben wurde abrupt beendet, eine echte Katastrophe. Nach der Freilegung traten die Wandmalereien in den ehemals hochmodernen Häusern zutage. Weitere Ruinen zeugen von ähnlichen Zerstörungen mit weitreichenden Folgen.

In überlieferter Tradition wurde berichtet, dass die kambodschanischen Ruinen von Angkor Wat überwuchert vorgefunden wurden. Die stolze Khmer-Hochkultur waren von ausgeklügelten Bewässerungskanälen durchzogen. Angebaute Felder ernährten die gesamte Bevölkerung. Längst stehen nur noch große Monumente auf diesem Areal, eindeutig ein Ort, der von Menschen verlassen wurde, aus welchen Gründen auch immer.

Weitere, verlassene Gebiete gibt es in Südamerika. Durch Eroberungen sind die Ureinwohner gezwungen, ihre blühenden Zentren zu verlassen. Andererseits entstehen später neue Zivilisationen mit einer neuen Sprache und Religion auf dem Gesamtkontinent.
Im Eis lagen eisige Funde, zum Beispiel Mammuts, Ötzi,

um einige zu nennen. Lange Forschungsarbeiten sind hier zu erwarten, ehe wir ein besseres Bild darüber erhalten.

Monumentalpyramide für die Pharaonen. Retteten sich die Götter durch unvergängliche Bauten von der alten in die neue Welt? Diese Zeugnisse belegen die Größe einer Hochkultur.

FAKTEN IM VOLKSMUND

Neue Fakten erhalten wir durch die Analyse des Volksmunds, die nur den Menschen per Kommunikation bekannt waren. Wie Sie wissen, möchten Eltern instinktiv ihre Kinder beschützen und ihnen die Gefahren aufzeigen. Fürsorgliche Verhalten üben im übrigen auch die Affen und andere Tiere aus. Die Hinweise in Form des Volksmunds wurde zunächst mündlich weitergegeben und irgendwann aufgeschrieben. Folgende Sprüche zeigen die Bedeutungen.

„Ohne Fleiß kein Preis" besagt, dass man in der Zeit des Ackerbaus fleißig Getreide anbauen und speichern soll, um im Winter genügend Essensvorrat für die Familie zu bekommen. Wilde Tiere fand man immer weniger, weshalb die Menschen sesshaft wurden und Ackerbau betrieben. Der Hungertod war allgegenwärtig.

„Früh übt sich, wer ein Meister werden will" könnte heißen, wer Arzt werden will, muss sich die erforderlichen Kenntnisse frühzeitig aneignen. Das braucht Zeit. Hinzu kamen praktische Tätigkeiten, um genügend Übung darin zu haben, andere zu heilen. Als Arzt ist man in der Gesellschaft bessergestellt und genießt Vorteile. In China entsprach der Meister dem leitenden Mönch eines Klosters. Nur mit langjährigen Erfahrungen kennt er den Alltag und kann die Gemeinschaft in vielen Belangen geordnet führen.

„Bellende Hunde beißen nicht" soll heißen, Hunde bellen schon in der Ferne. Jetzt hat man noch genügend Zeit, um wegzulaufen, bevor der Hund näher kommt. Er ist von Natur aus wild, somit für Kinder lebensgefährlich, es sei denn, ein Grenzzaum liegt dazwischen. Dann würden Hunde bellen, wenn sie nicht über den Zaun springen könnten.

„Morgenstund hat Gold im Mund" will andeuten, dass man den Tag nutzen soll, solange es hell ist. Beim Bearbeiten der Äcker ist es sinnvoll, den ganzen Tag zu nutzen. In der Dunkelheit drohte Gefahr durch Wildtiere, Unfälle bei schlechter Sicht, u.v.m. Die zweite Bedeutung umfasst sich mit der Tatsache, dass man nach erholsamer Nachtruhe gut gelaunt aufsteht, die Gedanken nicht mit üblem Vorhaben verseucht ist und den Tag entsprechend gut gestaltet. Die Kommunikation läuft wohlwollend ab.

„Wer Wind sät, wird Sturm ernten". Hier sind 2 Wörter wichtig. Während der Wind relativ harmlos ist, ist der Sturm zerstörerisch. Wer also ein kleines Land angreift, wobei Opfer verletzt werden oder ums Leben kommen, könnte die Wut der verbündeten Länder auf sich ziehen. Ein größerer Krieg mit ungewissem Ausgang wäre unvermeidlich. Beleidigungen im Alltag führen zu ernsten Problemen.

Ein Mongolisches Sprichwort besagt: „Wenn man fleißig genug arbeitet, fügt sich das Schicksal". Ist man nicht faul, so lässt sich das Schicksal, das auf einem zukommt, bändigen. Das Schicksal treffen wir jederzeit im Leben an. Den Hunger kann man stillen, indem man fleißig Essbares anpflanzt. Ackerbau ohne Maschine bedeutete sehr viel Arbeit. Die Ernte steht und fällt mit dem Erfolg. Wenn wir nicht arbeiten, können wir nichts erreichen. Faule, Mitläufer, sozial Geächteten, böse Familienmitglieder stürzen uns auch ins Unglück. Irgendwie sitzen wir mit ihnen im selben Boot.

„Wie du mir, so ich dir". Wenn du jemand schlecht behandelst, dann ereilt dir früher oder später das selbe Schicksal. Ursache für das Jetzt, für das Üble, welche auf dich zukommen, liegt davor in deinem schlechten Handeln. Niemand zieht es von Natur aus zu den Bösen, schlechten Vorbildern. Positives Handeln bewirkt dementsprechend das Gegenteil und löst die Vorurteile auf. Man erkennt in uns den Unterschied.

„Unkraut vergeht nicht". Unkraut wächst hier und überall, an jener Stelle, wo man nicht vermutet. Auf den Äckern gehört der Unkraut einfach dazu, denn er gehört zum Gewächs und es vergeht nicht. Er wächst wild auf dem selben Platz, während der Salat, der Weizen die Ernte darstellt. Wir wollen den Ertrag sowie den Verkaufserlös erhöhen. Wildwuchs lässt sich nicht verkaufen, nutzt dennoch den anderen Tieren, Bienen, Insekten, etc. Gewusst wie, aus Efeu lässt sich Hustensaft herstellen.

Nobody is perfect. Waren Prophet Mohammed, Jesus, Prophet Moses, Buddha nicht perfekt? Irgendein

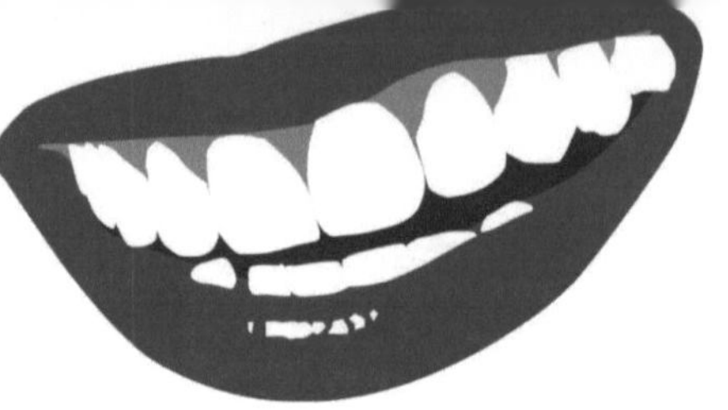

Bezugspunkt brauchen wir, um beurteilen zu können.

FAKTEN AUS DEN MÄRCHEN

Märchen kennen Kinder schon von klein auf. In ihnen sind viele menschliche Charaktere beschrieben, gute wie schlechte. Jedes Kind hat bestimmt schon einmal die Frage gestellt: „Bin ich schön wie Schneewittchen?", „Bin ich auch nett?", „Bin ich genau so hinreißend?", „Werde ich reich, wenn ich groß bin?", „Bin ich genau so freundlich und hilfsbereit?", „Bin ich ebenso nett?", „Bin ich nicht genau so stark?", „Gehöre ich nicht automatisch zur Spitzenmannschaft dazu?" ...

Rotkäppchen wurde mit einer bösen List des Wolfes auf die falsche Fährte geführt, kam vom Weg und die Großmutter wurde daraufhin aufgefressen. Dieses Märchen soll Kinder zeigen, dass sie achtsam sein müssen, wenn sie aus dem Haus gehen. Wälder galten als gefährliche Orte. Gefahr droht von den skrupellosen Mördern. Menschliches und tierisches Verhaltensmuster lassen sich nicht leicht auseinanderhalten. Handeln wir aus Reflex oder aus dem Instinkt heraus? In einer Situation lässt sich Vorteile erkennen und die Lage wird gefährlich.
Schneewittchen, ein schönes Mädchen, wurde vom Prinzen gerettet, von den 7 Zwergen beschützt. Sie hat Benehmen und ist stets hilfsbereit. Schöne Mädchen mit

Vorzügen haben alle einfach gern. Solche Attribute haben sich oft bewährt.

Manche Märchen warnen uns vor etwas Bestimmtem. Wiederholt liefen Kinder in der Vergangenheit in die sehr großen Wälder und waren spurlos verschwunden. Dort war das Kind den Bestien schutzlos ausgeliefert. Hänsel und Gretel verirrten sich, hatten dann keine Orientierung mehr und kamen nicht mehr aus dem Bewuchs heraus. Natürlich haben Märchen ein glückliches Ende, sonst schläft das Kind in der Nacht nicht ein.

Das tapfere Schneiderlein hat aus dem Gefühl, etwas besonderes zu sein und das Gefühl, dass das Glück immer auf seiner Seite liegt, die Welt erkundet. Aus ihm wurde etwas großartiges, nämlich Herrscher eines Landes. So weiß man, dass man mit seinem Geschick und Können zumindest einiges im Leben erreichen kann. Man darf sich nicht immer auf die anderen verlassen, man muss selbst nach seinem Glück suchen.

Die Schöne und das Biest. Es hat sie gern, erfüllt ihr jeden Wunsch. Das Hässliche ist zwar abscheulich anzusehen, hat jedoch ungemein menschliche Züge. Wenn sie es liebt, könnte aus ihm ein Prinz werden. In der Geschichte ist das eingetreten.
Manch mythische Geschichten sind mehr als nur Märchen. Das Dschungelbuch zeigt die Fähigkeiten des Menschen auf. Ein Kind wuchs im Urwald auf, wurde von Affen großgezogen. Als es stattlich geworden ist, alle

Gefahren im Urwald kannte, wurde aus dem Wilden Herr des Urwalds. Natürlich wollen wir die Lehren aus dieser Geschichte ziehen und müssen viele andere Aspekte ausblenden. Sind wir nicht schon irgendwie Herr der Tiere und des Urwalds?

Aladin und die Wunderlampe: Aladin wurde gesegnet und bekam die Macht eines Geistes in der Wunderlampe, den er zuvor gefunden hat. Dadurch konnte er tapfer alles bestimmen. Seine 3 Wünsche wurden erfüllt. Natürlich spielt hier auch die dunkle Macht mit. Sie will ihm die Wunderlampe entreißen.

Gewisse Geschichten wurden zur Unterhaltung niedergeschrieben. Sie dienten als Vorlage für aufwendige Filme. Diese faszinieren ihre Zuschauer. Ansonsten machen sie uns neugierig. Interessierten warten sehnsüchtig auf neue, gute Filme, wollen wissen wie die neue Geschichte endet. Mehr noch, sie fühlen mit, lachen mit, versetzen sich gedanklich in eine andere Welt. Tiere interessieren sich für ihre Umgebung und wollen alles erkunden. Im Abenteuerlust liegt letztendlich die Neugier. Für ein echtes Erlebnis setzen wir unser Vorhaben in die Tat um.

Die Unterhaltungsindustrie weiß von diesem Zauber und wird immer professioneller. Sie unterhält Massen. Zu ihr zählen erotische Filme. Sie sind der Beweis dafür, dass der Mensch von Natur aus Lust auf Sex hat. Genauso haben Tiere Lust auf Sex. Dagegen anzukämpfen, scheint unnatürlich oder übernatürlich zu sein. Zu erwähnen wäre zahlreiche Bordelle, die bereits in der Antike existierten.

Denken wir an die gefundenen, erotischen Wandmalereien in Pompei. Lukrativ bieten Prostituierte der männlichen Kundschaft ihre Liebesdienste an. Die Anzahl der Besucher werden nie versiegen. Wir wissen, die Männer fühlen sich genetisch zu den Frauen angezogen, je subjektiv attraktiver die weibliche Person desto höher die Anziehungskraft.

Erotik beflügelt unsere Fantasie. Menschen haben eine Vorliebe für das Aufregende, das Abstrakte, etwas, was aus den Köpfen entspringt, nichts greifbares, nichts reelles. Das gewisse etwas, das weder durch die Mathematik noch durch andere Gesetzmäßigkeit beschrieben werden kann, ist unlogisch. Man könnte sagen, es ist das gute Chaos im Kopf, könnte aber für das Schlechte missbraucht werden.

Aus der Fantasie schöpfen wir etwas wunderbares. Architekten bauen ästhetisch schöne Häuser. Maler erstellen zeitlos schöne Bilder. Was ist ästhetisch? Das wiederum scheint individuell zu sein. Die Antwort könnte das Bunte, Komplexe oder Unlogische lauten. Bei den Griechen wissen wir noch, was das bedeutet, nämlich ästhetisch schöne Skulpturen oder auffallend geformte Körper, sowohl männlich als auch weiblich. Die Schönheit einer Frau kennen wir instinktiv, genau wie die eines Mannes (jung, athletisch, muskulös, trainiert). Der Instinkt ist uns angeboren. Neuerdings bezieht sich das ästhetisch hübsche nicht nur auf den Körper, sondern auf alles, was wir als schön erachten, eben auf Bilder, die Architektur, auf alles, was mit Kunst zu tun hat.

Warum hat der Drache eine friedliche Natur in Fernost? Er ist die Identifikationsfigur für eine Kultur. Im Laufe der Geschichte kamen viele Facetten hinzu, von mystisch über heilig bis hin zu himmlisch mächtig. Die Bedeutung liegt in der Verehrung des mystischen Tieres additiv zu den heiligen Bäumen.

FAKTEN BEI DEN GELEHRTEN

Kennen Sie Sokrates, Platon und Aristoteles? Während Pythagoras in der Mathematik bekannt ist, sind die Drei keine einfachen, griechischen Gelehrten, sondern die des Adels und der Prinzen. Ihre Erfahrungen und Philosophien schrieben sie nieder.

Von Sokrates stammt der Satz: „Ich weiß, dass ich nichts weiß". Damit ist gemeint, dass er, der Lehrer, nicht alles wissen kann. In der Tat weiß niemand alles. Das allein einzugestehen, ist schon ein Erkenntnis. Können wir schon alles erklären, was um uns geschieht? Wohl kaum. Wir wollen immer mehr wissen. Wir investieren in die Forschung, um Antworten zu erhalten. Seit wir denken können, stellt sich immer wieder die Frage: „Gibt es ein Leben nach unserem Tod?". Dafür erhalten wir keine verlässliche Antwort. Es handelt sich hier wohl um eine Glaubensfrage. Hierin werden Antworten gesucht. Wer entgegen den Weisheiten handelt, läuft Gefahr, das Unglück heraufzubeschwören.

Der nächste, philosophische Satz lautet: „Wer die Welt bewegen will, muss erst einmal sich selbst bewegen". Will heißen, wer die anderen von etwas überzeugen will, muss zuerst selbst davon überzeugt sein. Soll NICHT heißen, wer eine Armee aufstellen will, muss sie bei sich selbst aufstellen. Sie kann bei Naturkatastrophen, in Krisenzeiten hilfreich sein. In diesen Fällen ist das Überzeugen weniger sinnvoll als die sofortige Rettung. Die nächste Frage wäre: „Können wir alle retten?". Eine Armee hat eine begrenzte Kapazität. Wen wollen wir überhaupt retten? Bei Überschwemmung retten die Ameisen zuerst die Larven, dann andere Ameisen und zuletzt sich selbst. Ihr Instinkt scheut den Vergleich zur Intelligenz nicht.

„Der Kluge lernt aus allem und von jedem, der Normale lernt aus seine Erfahrungen und der Dumme weiß alles besser" - soll verdeutlichen, der Dumme weiß eh immer besser, also achten wir nicht auf ihn. Der Normale lernt einzig aus seinen persönlichen Erfahrungen und das ist zu wenig, um überdurchschnittlich zu sein. Der Klügste lernt immer und überall. Er will führend in allen Belangen sein. Wissen ist Macht zum eigenen Vorteil. Das Ziel ist Allwissenheit, der Weg vielfach schwierig.

„Die Jugend liebt heutzutage den Luxus. Sie hat schlechte Manieren, verachtet die Autorität, hat keinen Respekt vor älteren Leuten und schwatzt, wo sie arbeiten soll. Die jungen Leute stehen nicht mehr auf, wenn Ältere das

Zimmer betreten. Sie widersprechen ihren Eltern, schwadronieren in der Gesellschaft, verschlingen bei Tisch die Süßspeisen, legen die Beine übereinander und tyrannisieren ihre Lehrer." - Dieses Verhalten der Jugend kommt uns doch sehr bekannt vor. Offensichtlich rebelliert die Jugend schon seit eh und je gegen die ältere Generation. Sie lehnt sich gegen die alten Regeln, um neue, bessere Regeln aufzustellen, zum Wohle des Fortschritts. Es sieht alles nach Chaos in einer wohlgeordneten Welt aus. Für eine bessere Zukunft haben ältere Menschen hart hingearbeitet. Diese Gegenwart ist gegenüber der zuvor bewährten Vergangenheit überlegen. Der Heranwachsende wiederum respektiert die Älteren nicht, weil er sich in der Probier-Phase befindet, sei es nur aus Neugier. Vielleicht kommt etwas von großem Nutzen zum Vorschein. Lehrer wollen ihre Schüler(innen) in eine vorgegebene Richtung bringen, ohne auf die persönlichen Lernfähigkeit des Kindes einzugehen. Das Einmaleins zu lernen ist zunächst einmal lästig für jedes Kind. Es sträubt sich dagegen, weil es nicht erkennen kann, wohin die Mühe führt. Die Gelehrten spüren den kleinen, kindlichen Zorn.

Moment mal. Das würde bedeuten, dass wir selbst auch rebellierten, damit wir gesellschaftlich vorankommen. Die Gemeinschaft verändert sich ständig, etwas Fremdes gesellt sich immer wieder dazu. Wenn wir ein elterliches Haus erben würden, streben wir trotzdem nach einem größeren. An seiner Stelle wäre ein Schloss viel besser. Auch das wollen wir besitzen. Wo ein Ziel ist, da führt auch ein Weg dahin. Gleichzeitig prägt uns unsere Umgebung.

„Eigenartigerweise kann ein Mann immer sagen, wie viele Schafe er besitzt, aber er kann nicht sagen, wie viele Freunde er hat, so gering ist der Wert, den wir ihnen beimessen" - Sokrates beklagt sich über die Nächstenliebe. Sie ist manchmal mehr und manchmal weniger oder gar nicht vorhanden. Der Grund liegt bei den Menschen selbst. Wir können nicht mit Sicherheit voraussagen, wie ein Mensch sich in bestimmten Situationen verhält. Ist er bei Sinnen, so will er das eine, ist er nicht, dann will er das andere. Das Individuum ist also von Natur aus launisch, wie die Umwelt selbst. Unsere Freunde hatten möglicherweise Gesprächspartner gesucht, die zufällig die gleiche Sprache sprechen. Sie fanden diese in uns. Manche Tiere warnen sich gegenseitig vor Gefahren. In der Wildnis haben sie hierdurch lange Zeit überlebt. Menschen warnen sich nicht einmal im Traum gegenseitig vor Gefahren, wenn der Gegenüber als Feind betrachtet wird. Das, was jemand besitzt, ist im Normalfall wertvoll. Hier sind es Schafe. In knappen Zeiten dienten sie schon lange als Nahrung. Sie sind im etwa lebender Vorrat, der sich selbst vermehren kann – wertvoll für den Besitzer, außer Frage. Freunde, egal wer, könnten davon essen und dem Eigentümer in eine lebensgefährliche Lage bringen. Werden wir nicht immer wieder selbst betrogen, in die Irre geleitet von sogenannten Freunden?

„Heirate oder heirate nicht, du wirst es bereuen" - Ob 2 Partner glücklich werden, hängt vom Paar ab. Sind wir verliebt, fühlen wir uns meistens zusammen glücklich. Ewig hält das Glück nicht. Vertragen wir uns nicht, dann schwindet das Glück schnell. Manche Ehen werden getrennt. Ein Wiederheirat ist nicht ausgeschlossen. Die Euphorie spielt Achterbahn mit uns genauso wie die Empfindungen zueinander. Sind die Gefühle wiederum echt, summiert sich die Gefühle enorm. Stellen Sie sich vor, Sie haben eine Person gern. Diese wird mit der Zeit älter. Plötzlich finden Sie sie nicht mehr attraktiv, weil sie älter und dicker geworden ist. Sie müssen sich erst an die Zeit der Jugend erinnern, als beide durch Dick und Dünn gehen wollten. Dann erscheint es uns, als wäre die Zeit stillgestanden. Kurzfristig erhöht sich die Attraktivität des Partners trotz des Alters. Das Äußere einer Person täuscht eben unsere Sinne. Wir haben irgendwann, z.B. aus Langeweile, immer etwas auszusetzen. Wir handeln mehr impulsiv, achten mehr auf uns selbst statt auf unser Gegenüber.

Wenn Sie mit Ihrem Partner streiten, dann fühlen Sie sich wie am Boden zerstört, es fehlt die Chemie zwischen Ihnen. Fühlen Sie sich gut, wirkt sich das nicht immer auf den Partner aus. Nicht mit dem Heirat wird man zu 100% zufrieden, sondern viele verschiedene Langzeitfaktoren spielen eine Rolle. Wir können nicht verlangen, dass unsere Liebsten den Vorstellungen vollends entspricht. Das ist fernab der Realität. Wir wollten ewig jung sein und wurden des besseren belehrt.

„Eine Frau, gleichgestellt, wird überlegen." - Zuallererst betrachten wir die biologische Seite von Mann und Frau. Beide haben von der Natur aus die Fähigkeit, zusammen Nachwuchs zu bekommen. Dies geschieht beispielsweise in den jungen Jahren. Sokrates sagt aber, dass das Weibliche, sobald dem Männlichen gleichgestellt, übertrifft. Vom Fortpflanzungsstandpunkt hergeleitet, macht es mehr körperliche Erfahrung, von der Pubertät bis zur Menopause. Sein Körperbau ist im Vergleich kleiner, wodurch schwächer. Es kennt sich genau, geht einer direkten Konfrontation naturgemäß aus dem Weg, wohingegen der Mann sich in der Umwelt behaupten musste. Einsicht macht eine Dame gütiger im Umgang. Sie kennt ihre Leidensgenossen/innen besser, lenkt den Partner durch ihre Intuition. In erster Linie schafft sie eine gute Umgebung um sich herum. Die sogenannten Waffen der Frau können sowohl positiv wie negativ eingesetzt werden, denn sie steht selbst unter Einfluss. Ihre resistente Verfassung spiegelt zugleich ihre heimatlich subjektive Labilität wider. Beide Geschlechter lassen sich ohne feste Überzeugung leicht beeinflussen. Übrigens, die keltischen und nordischen Völker verehrten die Fruchtbarkeitsgöttin, die Leben spendet. Der Freitag wurde nach ihr benannt. In anderen Kulturkreisen wird die Mutter in zurückliegender Zeit von den Nachkommen als gleichwertig anerkannt. Hat eine Frau keine Kinder oder hält sie sich selbst für die bessere Hälfte, schreibt man ihr keine Verdienste zu.

„Der Beginn ist der wichtigste Teil der Arbeit" - Platon

erkannte, dass wir das Ziel erreichen können, wenn wir nur bloß mit der Arbeit anfangen. Das geschieht entweder aus eigener Antrieb oder man wird für die Arbeit bezahlt, dazu gezwungen, mit den Aufgaben betraut, zur Hilfsarbeit beordert usw. Mit dem Alter von 6 Jahren fangen Kinder mit der Grundschule an. Am ersten Schultag bekommen die Kleinen eine in jeder Hinsicht süße Schultüte mit in die Klasse. Die Schulausbildung dauert gewöhnlich 9 Jahre.

„Liebe ist in dem, der liebt, nicht in dem, der geliebt wird" - Wenn wir jemand lieben, dann strahlen wir Herzenswärme aus, nicht die geliebte Person. Die Angepriesene weiß womöglich gar nichts davon und liebt bis dahin niemanden. Traditionell liebte eine Frau ihren Ernährer. Die Aufgabenverteilung festigte sich. Mit den gesellschaftlichen Umwälzungen verändert sich ihre Stellung. Ihr eigenes Einkommen verschafft ihr mehr Freiheit. Welche Rollen müssen neu vergeben werden? Bekommen wir Einsamkeit ohne gute Liebe? Neue Liebe, neues Glück.

„Lerne Zuhören und du wirst auch von denjenigen Nutzen ziehen, die dummes Zeug reden" - Wollen wir wissen, was um uns herum passiert, müssen wir wohl oder übel den Menschen um uns herum zuhören, was sie zu sagen haben. Erst dadurch wissen wir, was uns der freundliche Herr mitteilen möchte. Redet er gut, hören wir gerne zu. Leute, die dummes Zeug reden, sind zwar keine gute Redner, dennoch können wir den Grund durch ihr

Verhalten erfahren. Es gibt intelligente und weniger intelligente, emotionale und weniger emotionale Persönlichkeiten, die wir nicht sofort verstehen können. Wir müssen uns in ihre Lage versetzen. Würden wir eventuell genauso denken und handeln wie sie? Menschen mit einem Hirnschaden zeigen manchmal Gefühle. Sie können sich vielleicht nicht gut artikulieren, haben vielleicht Gefühlsausbrüche, gerade darin können sie echte, menschliche Gefühle zeigen. Abhängig vom Grad der Behinderung sind vermutlich nicht alle Organbereiche beschädigt. Das Gehirn funktioniert ganz tadellos. Wie die Affen, warnen sich die Menschen instinktiv gegenseitig vor den Gefahren, die einer Einzelperson verborgen bleibt. Unbewusst schlichen sich so wiederholt Fehlverhalten in einer Zivilisation ein. Das Unglück vermehrt sich auf einfache Weise. Durch Heraushören der alarmierenden Kernaussage können wir entgegensteuern.

„Die schlimmste Ungerechtigkeit ist die vorgespielte Gerechtigkeit" - Eigentlich sind alle Ungerechtigkeiten schlimm. Sobald es drastisch in der Gesellschaft zugeht, gibt es Gründe für einen Arbeits-, Geschlechter-, Überlebens-, bewaffneten Kampf. Sie erfordern Opfer. Dabei wird nicht zwischen gut und schlecht, schuldig oder unschuldig, jung oder alt unterschieden. Leute, die in einer heilen, gerechten Welt leben, haben es gut. Kriminalität wäre nicht die große Sorge. Wird der Friede jedoch vorgetäuscht und später aufgedeckt, dann bricht Chaos am wahrscheinlichsten aus. Das Dritte Reich entstand aus dem deprimierenden Gefühl des Kontrollverlustes, aus der Unterordnung. Bis dahin regierten Könige und der Kaiser über die Deutschen Gebiete. Sie lenkten die Geschicke des Landes. In der Einheit fühlte sich das Volk sicher. Im Anschluss wollten die Nationalsozialisten führend sein. Sie sprachen die Sprache des Krieges, der Massengleichschaltung durch Propaganda. Dazu war ihnen jedes Mittel recht. Das Ergebnis kennen wir. Überlegenheit trifft auf die Ellenbogengesellschaft von heute.

„Ich kenne keinen sicheren Weg zum Erfolg, aber einen sicheren Weg zum Misserfolg: es allen Recht machen zu wollen" - Platon betonte den Misserfolg. Landesbürger haben verschiedene Vorstellungen, Vorurteile, vor allem unterschiedliche Interessen, Ziele. Gute Menschen sehnen sich danach, unseren Erfolg zu sehen. Wir stehen ihnen nicht im Weg. Schlechte wollen unser aller Untergang. Wir stehen ihnen immer im Weg. Wollen wir nun allen gerecht werden, so müssen wir erst einmal alles tun, um erfolgreich zu werden. Gleichzeitig steuern wir uns auf eine Katastrophe hin. Kriege verschlingen letztendlich alles vorherige, was wir mühsam aufgebaut haben. Schlechte Landesbewohner wollten uns sozusagen vernichten und wir haben die Hinrichtung selbst vollstreckt. Auf einfacher Weise können wir schlechte Vorbilder nicht am äußeren Erscheinungsbild erkennen. Wir müssen uns für alles Gute entscheiden. Der Glaube gibt uns die mentale Kraft.

Aristoteles: „Alle Menschen streben von Natur nach Wissen". Wie wir wissen, sind Homo Sapiens biologisch höher entwickelte Lebewesen. Unsere Fähigkeit zu denken und daraus Folgerungen zu ziehen, macht uns einzigartig und weitaus überlegener als die Tiere. Das Wilde ist somit immer gefährlich, weil es unberechenbar ist. Obwohl für uns gefährlich, haben sie gegen uns keine Chance. Wir haben inzwischen die ganze Welt unter Kontrolle. In unserer Welt wollen Individuen stets besser sein als andere. Dazu müssen sie mehr Wissen erlangen. Wie real ist ein Leben nach dem Tod? Lesen Sie weiter, machen Sie zwischendurch Pausen. Am Ende des Buches werden Sie feststellen, niemand kennt die Antwort besser als Sie selbst.

„Denn es ist für die Erhärtung einer Sache ein großer Vorteil und für die Widerlegung eine große Sache, wenn man für das Ja wie für das Nein Argumente zur Verfügung hat. Da muss der Gegner nach beiden Seiten auf der Hut sein." - Sehen wir dazu die Reden der Politiker im Parlament an. Um die Zuhörer von einer Sache zu überzeugen, nennen Redner Fakten, zum Beispiel in welche Länder bereits Gesetze erlassen wurden für militärische Auslandseinsätze. Parlamentarier sind meist skeptisch und wollen mehr darüber wissen. Daraufhin hören wir vom Vortragenden vom Erfolg, Dauer, Ende des Einsatzes. Nun waren als Beispiel 2 Länder von 10, die ihre Truppen zurückbeordert haben. Der Erfolg beträgt somit 8 von 10. Bei diesen Zahlen sieht die Sache schon ziemlich überzeugend aus. Damit aber die restlichen

Zuhörer doch noch zustimmen können, wird eine Befristung vorgeschlagen. Die Soldaten können jederzeit zurückgeholt werden, falls ein Beschluss dafür plädiert. Somit nimmt man dem Gegner den Wind aus dem Segel. Der Vorschlag kann zur Abstimmung vorgelegt werden. Selbstverständlich können nicht alle Parlamentarier überzeugt werden, doch eine Mehrheit würde ausreichen. Es sei gemerkt, an dieser Stelle geht es primär nicht darum, ob Militärgewalt überhaupt Leben retten können.

„Den das ist den Menschen vor den anderen Lebewesen eigen, dass sie Sinn haben für Gut und Böse, für Gerecht und Ungerecht und was dem ähnlich ist. Die Gemeinschaftlichkeit dieser Ideen aber begründet die Familie und den Staat." - Wie Sie wissen, weiß sogar ein Kind, was gut und böse ist, was gerecht und ungerecht. Was schlecht für das Kind ist, ist erst recht schlecht für die eigene Familie. Wir haben diese Fähigkeit zur Unterscheidung, wollen das Beste für die Gemeinschaft, vertrauen uns gegenseitig in einem Staat. Der Sinn dafür stammt ursprünglich von den Affen, die bessere Überlebenschancen hatten. Diese natürliche, lebenserhaltende Strategie hat sich unendlich lang erhalten. Jungen helfen den Alten, Starken den Schwachen, die Klugen den Hilflosen, Guten den Bösen, sich zu ändern. Der Einzelne sucht Schutz in der Herde.

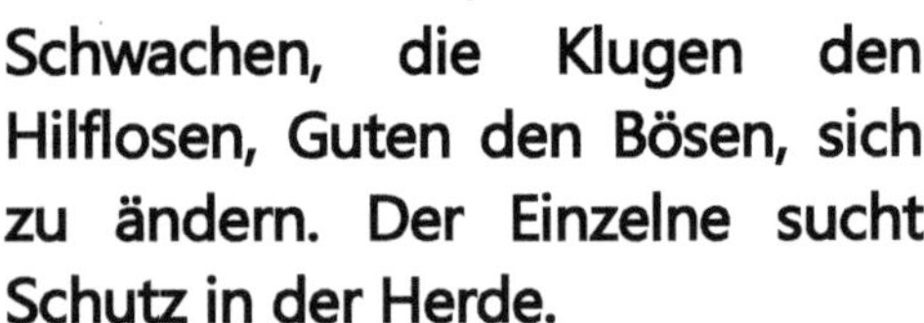

Konfuzius: „Essen und Beischlaf

*sind die beiden großen Begierden des Mannes".
Sicherlich stehen Frauen in nichts nach. Minimale
Chromosomen-Unterschiede machen unser Wesen aus.*

FAKTEN ZIVILISATIONSKRANKHEITEN

Da wo Menschen zusammenleben, sei es in einer Stadt,
oder im Dorf, tauchten historisch immer wieder
Krankheitsherde auf, die sich rasant verbreiteten und die
Bevölkerung schrumpfen ließen. Seuchen waren
verheerend, weil kein Medikament dagegen wirkte.
Beschrieben wurden sie in medizinischen Büchern und
blieben im Gedächtnis der Ärzte. Einige gefährliche
Infektionskrankheiten:

Die Pest

trat in einer Zeit auf, wo der 30 jährige Krieg herrschte,
die hygienischen und Lebenszustände unzureichend
waren. Das zuständige Bakterium nistete sich in den
lebenden Organismen ein. Die Infizierung verschiebt die
Epidemie in anderen Teilen des Planeten. Eine
Bekämpfung der Pest war nicht möglich, die Bakterien
besaßen eine typische Resistenz. Früh behandelt, heilt die
Krankheit minimal aus. Die vorsorgliche Impfung
dagegen hilft zur Zeit für 6 Monate. Gleiches
Heilverfahren wird angewandt für:

Tuberkulose
Hepatitis A, B

Typhus

Als unheilbar gelten:

HIV
Ebola

Sie beenden das Leben von Soldaten, Schuldigen wie Unschuldigen, Religionsmitglieder abrupt. Nur die Stärksten überleben, so die Natur es vorgesehen hat. Überlebenden konnten sich vermehren, bis eines Tages neue Pandemien kommen. Starke Bakterien pflanzten sich fort und wurden immun gegen neue Medikamente. Es begann eine neue Zeit für sie. In dieser Hinsicht werden neue Epidemien auftreten, sobald soziale Kontakte zunehmen. Corona-Viren lassen grüßen.

Sterben Vögel ohne Grund in Massen, handelt es sich um eine Epidemie. Das gleiche gilt für Bienen, Insekten, etc. analog zur Zersetzungsprozess des Körpers. Die Bakterien, Würmer, Pilze finden ideale Voraussetzungen.

FAKTEN TECHNISCHER FORTSCHRITT

Seit Marie & Pierre Curie sowie Henri Becquerel auf dem Gebiet der Radioaktivität forschte, wurde die zivile Nutzung kontinuierlich ausgebaut. Kernfusion ersetzt die konventionelle Methode der Stromerzeugung. Weiterhin wird die Kohleverbrennung aufgrund ihrer geringen Kosten nach wie vor zur Energiegewinnung eingesetzt. Kernkraftwerke, auf der anderen Seite, stellen eine potenziell große Gefahr für die zivile Bevölkerung dar und müssen ununterbrochen überwacht werden. Der Atommüll ist hochradioaktiv und muss in einem sicheren Bereich unter der Erdoberfläche deponiert werden. Ein Sicherheitsleck im Atomkraftwerk in Tschernobyl zwang die Schließung und Stilllegung. Das Gebiet im Umkreis wurde kontaminiert, folglich zur Sperrzone erklärt. Die Gefahr ist nicht gebannt. Beim Reaktorunfall nach einer Tsunami und dem Erdbeben in Japan wurden weitere Gebiete zum unbewohnbaren Bezirk erklärt. Generell nehmen die tödlichen, radioaktiven Strahlen nach einer sehr langen Zeit langsam ab. Folgerichtig wurde der Deutsche Entschluss gefasst, keine Atomkraftwerke mehr zu betreiben. Nuklearwaffen der Großmächte behalten auch ihren Schrecken.

Sicherlich verwenden Sie im Alltag die schicken Plastiktüten beim Einkaufen, helfen sie uns doch sehr. Bedingt durch die Massenherstellung kosten sie fast nichts und werden nach Gebrauch schnell achtlos weggeschmissen. Der Plastikmüll ist mittlerweile überall vorzufinden, sogar in den Meeren. Für den Menschen stellen sie keine Gefahr dar, doch für die Tiere in der Wildnis. Vögel müssten sterben, denn sie hielten die schwimmenden Plastiküberreste für Nahrung. Einmal im Magen gelandet, bleiben sie dort. Nach einer Zeit gehen die Tiere qualvoll zugrunde. Den kleinen Wildtieren geht es nicht anders.

Mit Beginn der Industrialisierung gab es immer mehr giftige Abwasser, die einfach sorglos in Flüssen abgeleitet wurden. Nach und nach sammelte sich das Gift in den Wasserläufen, dass Fische darin nicht überlebten. Zwar gibt es jetzt Kläranlagen für die Aufbereitung, doch nicht in ausreichender Anzahl. Natürliche Wasserkanäle bleiben vermutlich noch lange verschmutzt, ehe Fische gefahrlos darin freigelassen werden können oder wir daraus trinken können. Wir leisten wenig Beiträge für eine lebenswerte Umwelt. Viele sind denn einfache Befehlsempfänger und verbannen Umweltgifte erst, wenn ihnen gesagt wird.

Um genügend Nahrung in der Welt zu produzieren, haben Bauer und landwirtschaftliche Genossenschaften Monokulturen angelegt. Ursprüngliche Wälder wurden im Austausch für Ackerbauflächen und Plantagen gerodet. Auf ihnen werden maschinell ein Vielfaches an Ernte eingefahren, zweifellos eine fortschrittliche Leistung. Hinzu werden vermehrt toxische Schädlingsbekämpfung betrieben, um den Ertrag noch mehr zu steigern. Sehr zu bedauern, alternative, langfristige Methoden werden nicht verfolgt. Die Monokulturen locken Schädlinge, welche nicht mehr von ihren natürlichen Feinden gefressen werden. Sie nahmen kurz überhand, mehr Gifte landen in den Boden. Zuletzt werden mehr Wälder für den Verlustausgleich abgeholzt. Der steigenden Nachfrage nach haltbaren, makellos biologischen Nahrungsmitteln stehen die prozentual wenigen Produzenten gegenüber. Darunter leidet die Vielfalt der pflanzlichen Produkte, erst recht die Naturbalance in den schrumpfenden Urwäldern. Wildpopulationen haben stark abgenommen.

Technik erleichtert den Alltag. In der Religion basiert das geordnete Zusammenleben. Beide behindern sich nicht notwendigerweise gegenseitig.

FAKTEN BEVÖLKERUNGSWACHSTUM

Reisen möchten wir heute und zwar überall hin. Zu den weltweiten Sehenswürdigkeiten. Städte, Zuchttiere, Getreidefelder und Häuser benötigen viel Platz, im Gegensatz zum Wild und Gewächs. Hat sich dadurch das Ökosystem der Welt verändert? Ganz sicher ja, durch menschlicher Hand. Mehr Einwohner bedeuten mehr Ressourcenverbrauch, z.B. Erdöl für Verkehrsmittel, Haushalt, Industrie, Elektrizität, mehr Süßwasser für Mensch, Tier, Ackerflächen. Viele ehemals große Seen (USA, Spanien, Kasachstan) sind jetzt schon sehr klein geworden. In einem ehemals wasserreichen Gebiet Amerikas, gibt es heute Verordnungen, Wasser zu sparen und nicht für die städtischen Wiesen zu verwenden, da der Verbrauch enorm gestiegen ist. Was wäre, wenn noch weniger Wasser in dieser Region zur Verfügung stehen?

In einigen Ländern wird die Meeresflüssigkeit maschinell in Trinkwasser umgewandelt. Die Aquakultur will den Bedarf an Speisefisch als Ersatz decken. Geschmacklich sind die wilden Artgenossen unübertrefflich. Zucht-technisch muss vieles verbessert werden. Warum lassen wir die Fische nicht frei?

MERKMALE DER RELIGIONEN

Viele Tatsachen lassen sich durch Fakten belegen, nicht so die vielen, religiösen Vorstellungen. Die Gläubigen sind tagtäglich überzeugt, dass ihre Religion die einzig wahre ist. Die Lehren beschäftigen sich mit den universell gültigen Wahrheiten. Das Befolgen dieser heiligen Regeln und Gebote ist die Basis für ihre bessere Welt. Entsprechend ihrer Bestimmung verteidigen die Hüter auf ewig ihren Glauben. Vorweg lässt sich behaupten, Geburtenbegrenzungen widersprechen den religiösen Geboten.

DIE PHARAONENWELT

Pharaonen der Alten Ägypter sind seit Alexander dem Großen ein Begriff. Am Ende ihrer 3000 jährigen, neuen Kulturgeschichte besuchte Kleopatra Rom, die Heimat Julius Cäsars. Sie kam als Herrscherin oder Göttin Ägyptens. In dieser frühen Zeit war Rom das Zentrum der Macht. So muss beide Weltvorstellungen, die ägyptische und die römische, zweifellos ins Wanken geraten. Natürlich musste das Imperium mit seinen Göttern triumphieren. Ägypten wurde in das Römische Reich eingegliedert.

Jenseits der antiken Weltanschauung blickte das Volk am Nil auf eine Hochzivilisation zurück. Es baute seinen heiligen Herrschern mächtige Ruheanlagen. Sie lagen über Epochen hinweg in den schönsten Orten Ägyptens. Vorwiegend der Trockenheit ausgesetzt, wollen wir die Gründe für ihren Untergang genauer erfassen.

Historisch spielten die Pharaonen seit dem Startpunkt eine höchst bedeutende Rolle. Sie förderten die eigene Kultur, waren gleichsam Garanten für den Frieden. In den Pyramiden stechen Hieroglyphen und Szenen-Darstellungen hervor. Der Herrscher führte Kriege gegen die Fremdvölker, gegen die Bedrohungen von außen. Ewig gepriesen wurden seine glorreichen Taten. Er wird auferstehen und weiterhin sein Volk führen bis in die Ewigkeit, so die unerschütterliche Überzeugung des Glaubens.

Unter den Göttern wacht der Sonnengott über das irdische Leben. Mehr noch, er bestimmt das irdische Leben. Ihn allein anzubeten bedeutet Schutz des alles bestimmenden Sonnengotts zu genießen. Die Götterwelt beschützt den Menschen zu allen Zeiten und über alle Welten hinweg. Selbstverständlich gehören Göttinnen dazu. Der Pharao wurde dazu bestimmt, ausgestattet mit königlicher Macht, sein Volk in diesem Leben zu beschützen. Er bleibt bis in die Ewigkeit Herrscher seines Volkes. Da er ein Zentrum im Reich aufbaute, fungierte er als legitimer Statthalter.

Eine andere Quelle lieferte uns einige geschichtliche Fakten über Ägypten, nämlich im Judentum. Dort wurde unter anderem erwähnt, dass schreckliche Plagen,

Seuchen, Katastrophen, Missernten, Tod der Erstgeborenen den Untergang kündigte. Es kam zum Exodus. Wissenschaftler haben dafür Belege durch  Vulkanausbrüche und die Folgen davon vorgelegt.

Die Bilderschrift bezog sich auf das Gesehene in der Umgebung. Aneinandergereiht ergeben die Wörter einen gesprochenen Satz und Nebensätze.

DAS JUDENTUM

Der jüdische Glaube basiert, wie Sie schon erahnen, auf dem Alten Testament. In diesem wird Gott als Schöpfer allen weltlichen Lebens definiert. Er allein bestimmt über den Zeitpunkt der Geburt und des Tod. Ihn anzubeten und seine Gebote zu befolgen, festigt den heiligen Bund. Seine Macht spürt jeder, der zuwider handelt. Mit Adam und Eva im Paradies schuf er die Welt. Weil die Kinder und Kindeskinder irgendwann sein Gesetz missachteten, wurde er zornig. Er sandte eine gewaltige Sintflut, die alles Leben vernichtete. Nur Noah, der einzige unter den Menschen, der noch an den Allmächtigen glaubte, bekam sein Ratschlag. Der Gläubige befolgte ihn und rettete das uns bekannte Leben auf seiner Arche. Das Schiff schwamm auf dem Wasser. Wir stammen von jener Besatzung. Von daher dürfen wir den Glauben nicht

verlieren.

Unter der jüdischen Bevölkerung begrüßt man sich stets mit Schalom, was „Friede sei mit dir" bedeutet. Frieden zu stiften ist auf jeden Fall von Vorteil. Dadurch vermeidet man Tod und Zerstörung durch Kriege. Die Thora ist das wichtigste in einem Gebetshaus. Daraus kann man ein Gebot lesen, die besagt, dass Du Dein Gott lieben sollst, im Herzen, in Gedanken und in Taten. Damit bewegt sich der Gläubige nicht nur in der Glaubenswelt, sondern seine Taten verändern seine physische Umwelt. Die Gebote stammen wiederum von Gott. Somit bestimmt er die Natur durch die menschliche Hand.

Heilige Gesetze sind universell gültig, zugunsten eines besseren Judentums bzw. um die heile Welt zu bewahren. Im Gebetsbuch werden Christen und Moslems erwähnt.

Die heilige Pflicht liegt im Beschützen der Thora, also den Glauben. Die Wörter Gottes dürfen Juden nicht ändern.

DAS CHRISTENTUM

Das Christentum ist bis zum heutigen Tag die größte Religion auf der Erde. Christliche Tugenden regeln maßgeblich das geordnete Zusammenleben. Der gute

Christ wird nach seinem Tod in den Himmel kommen. Der schlechte kommt durch seine bösen Taten in die Hölle. Diese Vorstellung hat schon vieles im Mittelalter verändert. Die arme Bevölkerungsschicht glaubte, dass es damals nicht gerecht zuging, weil sie immer arm blieben, die Reichen jedoch immer reicher wurden. Reiche Übeltäter hätten ihre Sünden durch Geldspenden wieder bereinigen können und kommen durch die Gnaden der Kirche trotzdem in den Himmel. So haben wir nun die evangelische, katholische und orthodoxe Kirche nebeneinander. Letztere liegt ohnehin am nächsten zum Heiligen Land, wo Jesus wirkte. Traditionell finden wir den Katholizismus im Westen, die Protestanten im Norden. Diese geografische Zuordnung ändert sich, je weiter wir von ihnen entfernen. Priester und Jesuiten haben seit Generationen viel Arbeit geleistet.

Apropos Himmel, es gibt die Vorstellung, dass über uns nicht 1 Himmel existiert, sondern 7 Himmel, wobei der 7. am höchsten angesiedelt ist. Wenn unter dem 1. die 1. Welt verweilt, darüber der 2., 3., ..., so müsste es 7 Welten übereinander geben. Wurde die Erde nach ähnlichem Muster oder ähnlicher Wortprägung in die erste, zweite und dritte Welt eingeteilt?

Der Glaube hat ihren Ursprung im Alten Testament. Im Genesis steht: „Am Anfang war das Wort". Wörter prägten die Sicht. Gott schuf den Menschen nach seinem Ebenbild. Der Bezug auf das Judentum ist unübersehbar. Jesus kündigte vom Reich Gottes. Er war von den Toten auferstanden und wurde danach von Maria Magdalena im Grab und den Jüngern hinter geschlossenen Türen gesichtet. Ein Leben nach dem Tod ist Gewissheit. Jesus sprach: „Selig sind, die nicht sehen und doch glauben". In der Bibel sind unter anderem enthalten:

Das Evangelium nach Lukas preist die Barmherzigkeit des Samariters, der Leben rettete. Das Evangelium nach Matthäus preist die Gerechten, die Leidenden, die Sanftmütigen, die mit reinen Herzen, etc. Diese Menschen wissen, was das Schlechte bedeutet, denn sie machen tagtäglich dieselbe Erfahrung. Sie befinden sich auf dem Weg des Guten. Sie werden die Welt positiv verändern.

Gottes Gesetze sind auch hier universell gültig. Maria und Josef waren arm, sie hatten Zuflucht im Stall zu Bethlehem gefunden, die ihnen gewährt wurde und es ist gut, die Armen zu retten. Die Heilsarmee ist keine Kriegsarmee, sondern diejenigen, die für die Wohltätigkeit heilen. Sie steht in Zusammenhang mit der Herstellung einer heilen Welt.

Laut dem italienischen Sozialforschungsinstitut Censis glauben im Jahr 2017 rund 53% der Bevölkerung nicht mehr an die katholische Kirche, Tendenz steigend. Das gibt einiges zu bedenken, offenbar bringt die Hauptreligion keine relevante Vorteile mehr. Vermutlich kam man zur Erkenntnis, dass unter dem Katholizismus weltweit Kriege (Spanien) und Weltkriege angestoßen wurden. Römische Imperialisten wurden katholisch, aber sie kämpften bis zu diesem Moment unbeirrt weiter, ohne sich intensiv mit der Christlichen Lehre zu befassen. Die Staatsreligion Italiens wird sich ändern.

Kleine Kapelle zum Beten, dahinter ein Baum. Die heilige Eiche wird von den Germanen verehrt. Flüsse werden als heilig betrachtet. Von dort kommt das Weihwasser.

DER ISLAM

Was Gott für den Christen ist, strahlt Allah für den Moslem. Er ist allmächtig in dem Sinne, dass er alle Macht innehat und alles bestimmt. Er ist zu jederzeit präsent. Der Koran fordert, nur an Allah zu glauben. Es gibt keine Götter und Göttinnen. Zielbewusst handelt der Gläubige nach islamischen Regeln. Tägliches Betten ist mit Sicherheit gut, damit befasst man sich mehr mit der heiligen Lehre. In erster Linie sind die Gedanken reiner, der Glaube fester. Das ist notwendig, um mehr zu verstehen und im Leben mehr zu erreichen.

Almosen zu geben ist fester Bestandteil des Glaubens. Manche Leute sind darauf angewiesen, weil sie arm sind. Andere bewahren sie vor dem Hungertod. Mitbürger zu helfen, zu retten, ohne nach dem Warum zu fragen sind gute Taten für sich selbst und für die Gemeinschaft, für den Frieden unter den Menschen. Moslems begrüßen sich ohnehin gegenseitig mit dem Spruch „Salem Aleikum" bzw. „Friede sei mit dir".

Das Fasten gehört selbstverständlich wie das Fladenbrot dazu. Seine Praktizierung ist wahrlich nicht leicht. Man erfährt unter anderem den leibhaftigen Hunger, den Durst, die Geduld, die aufkommenden Gedanken und kann aus allem seine eigene Schlussfolgerung ziehen. Der Gefestigte bringt dieses Opfer für den Allmächtigen. Aus dieser körperlichen Erfahrung entstehen die guten Vorsätze.

Das alles ist nur ein Teil davon, was die islamische Religion vermitteln will. Allahs Wahrheiten sind universell gültig.

Die rituelle Reinigung und gesunde Hygiene gehören

zum Moschee-Gang dazu. Süßwasser war im Orient etwas Selbstverständliches. Fremdreligionen werden respektiert. Gute Gastfreundschaft belegt die friedliche Absicht des Arabers. Unverzichtbar sind die Zeugnisse in der Medizin, Mathematik, Naturheilkunde, Architektur, Anbau von Nutzpflanzen einschließlich der Bewässerung und vieles mehr.

DIE GRIECHISCHE GÖTTERWELT

Zuerst gab es Zeus, oberster Gott in der Hierarchie, später kamen die anderen Götter hinzu. Seine Partnerinnen und Kinder sind unter anderem von göttlicher Natur. Hades ist Bruder und Gott der Unterwelt. Die Griechen haben viele Götter, ausgestattet mit unbändiger oder betörender Macht. Sie beeinflussen die himmlische und irdische Welt, sind wahre Vorbilder in jeder Hinsicht. Poseidon, der Gott des Meeres, beschützt zum Beispiel die Seefahrer bzw. Fischer.

Nur unsterbliche Wesen können in die Menschen- sowie in die Unterwelt gelangen und wieder zurückkommen. Das Feuer brannte ursprünglich auf dem Olymp. Prometheus brachte es den Erdlingen. In der Glaubensvorstellung sollte die Büchse der Pandora geschlossen sein. Geöffnet bringt sie unvorstellbares Unheil über die Welt.

Götter wie Menschen erfahren viel über Leid, Schmerzen, Intrigen, Kämpfe untereinander, Freude, Sieg,

Vernachlässigung, etc. Aphrodite ist von betörender Schönheit und bleibt den Unsterblichen nicht verborgen. Persephone, die jugendlich sehr schöne Göttin, wurde von Hades geraubt und in die Unterwelt gezerrt. Sie wurde seine Frau. Unter den Göttern kann vieles passieren. Dort herrscht ihr Gesetz. Beim Beten ist es sinnvoll, Dankbarkeit zu zeigen, Opfer zu bringen, den Glauben zu stärken, gute Taten zu vollbringen, gute Absichten zu versprechen, das Gute zu fördern, Besserung zu zeigen ... Die göttlichen Wahrheiten sind universell gültig.

Athene, Göttin der Weisheit, Strategie, Kunst, Kampfes

DIE NATURGÖTTER

Ursprünglich glauben die amerikanischen Völker an Naturgötter und -göttinnen in Gestalt von Naturobjekten. Sterbliche hatten große Angst vor ihnen, Furcht dass alles Natur außer Kontrolle geraten könnte. Sie sind doch klein im Angesicht.
Nach Kolumbus hörten wir von den Kultstätten der Inkas,

Mayas, Azteken, die ihre Spuren hinterlassen haben. Unglücklicherweise erfahren wir nicht viel von den spanischen Konquistadoren. Sie berichteten von blutigen Praktiken, wo Menschenopfer ihr Leben verloren haben sollen. Andererseits existierten historisch wichtige Hochkulturorte wie Teotihuacan in Mexiko, wo Menschen zu Götter werden.

Die Ureinwohner Amerikas waren sehr mutig, müssen sie zwangsläufig sein, denn sie mussten sich alleine gegen die Natur behaupten. Naturgötter und -göttinnen verehrten auch die europäischen Ur-Stämme. Bäume wie die Eiche waren heilig. Sie gaben den mutigen Einheimischen Kraft, Hoffnung und ihre Identität. Diese fürchteten sich lediglich davor, dass der Himmel über sie einbrechen könnte. Dafür war erwiesenermaßen ein kleiner Meteoriteneinschlag Schuld, wie Forschungen ergaben. Solche Ereignisse fanden zum Beispiel in den Wäldern Sibiriens statt.

Naturgottheiten haben einen entscheidenden Einfluss auf die Sterblichen. Sie bestimmten unter anderem über Leben und Tod eines ganzen Volkes. Wir suchen Schutz, Beistand, Stärke bei ihnen. Denn wenn die Bäume überleben, dann überstehen wir die Zeit mit. Göttliche Wahrheiten sind universell gültig.

Die Sonne als Sonnengott spendet irdische Leben.

DER HINDUISMUS

Der Glaube existiert seit Urzeiten auf dem indischen Subkontinent. Eine Großzahl von Götter und Göttinnen sind hier vorzufinden. Praktisch alle Tierarten sind heilig. Vom Wohlwollen der Götter hängt das Leben ab. Nach dem Tod werden Hindus in einen neuen Körper wiedergeboren, z.B. als Ratte, Einzeller. Laut göttlicher Aussage reinkarnieren wir unendlich oft, bis alle Karmas aufgebraucht sind.

Stellen Sie sich vor, Sie werden in eine neue Welt wiedergeboren. Wird es die Welt von morgen, übermorgen, die Welt der Fische, der Bäume sein? Im normalen Sprachgebrauch ist die Welt alles, was wir sehen. Alles was wir nicht sehen, fühlen oder ertasten können, gehört zwangsläufig zu einer Parallelwelt. Damit haben wir die Götter-, Unter-, Geister-, unbekannte Welt, etc. Nach unserer Vorstellung könnte alles Erdenkliche in jener Welt vorkommen. Irdische existierten nacheinander. Das Leben auf der Erde umfasst alles, was lebt. Dazu gehören die Halbgötter. Sie sündigen ebenso und werden wiedergeboren.

Heilige Tiere haben einen mystischen Touch. Sie gehören zu den Guten, Rettern, Helfenden, usw. Unser aller Leben sind gleich. Wir sind im ewigen Lebenskreislauf eingeschlossen. Unterschieden wird zwischen gutes und schlechtes Karma. Positives häufen wir mit guten Taten. Negatives zählt zur Unmoral. Diese vermehrt sich auf schlechter Seite. Jede Seele besitzt Karma. Es bestimmt unser Schicksal, gleichzeitig unser nächstes Leben, d.h. wir können bestimmen, ob wir in einer glänzenden Zukunft oder in einer miserablen Daseinsebene leben wollen.

Der Ganges ist der heilige Fluss der Hindus. Darin gewaschen können die Gläubigen rituell reinigen. In Indien sind viele heilige Orte vorhanden. Bei Feierlichkeiten kommen Menschen in Massen dahin. Sie beten in den freien, geweihten Anlagen.

Der Lebende selbst hat etwas Göttliches in sich. Hindus begrüßen sich mit „Namaste", was in etwa „Gegrüßt sei das Göttliche in dir" bedeutet, also unser wertvollstes Potential. Jeder kann jederzeit einen guten Beitrag leisten. Im Gegenzug wird man nicht nur in der Gesellschaft geachtet. Die hinduistisch göttliche Wahrheiten sind universell gültig.

Ganesha, Sohn von der gütigen Göttin Parvati und vom Gott Shiva, symbolisiert die Klugheit, Weisheit, den Helfer der Wissenschaft. Er ist Gott des Erfolgs und der Zerstörung aller Hindernisse. Parvati, die von den Bergen kommend, ist die Göttin der Fruchtbarkeit, der Liebe, der Hingabe. Die Ehefrau von Shiva gilt als die ideale Mutter. Shiva, der liebevoll Friedliche, ist einer der drei

Hauptgötter. Er ist Gott der Zerstörung (des Bösen), der Transformation, Meditation und Veränderung (das ständige Werden & Vergehen). In Ihm liegt das Ewige, Unendliche, Höchste Bewusstsein. Nach dem Zerstören entsteht das Neue, Bessere, das überstanden hat. Auflösung und Blüte wiederholen sich, sind endlos eng umschlungen.

Gott Shiva mit dem Dreizack

DER BUDDHISMUS

Asiatische Kinder lernen in der Schule über den Buddhismus. Seit langem vermittelt die Weltreligion den Schülern allgemeine Werte und einhergehend die historisch gesellschaftliche Ordnung. Darin existieren viele Gottheiten, die in der Tiefe wesentliche Merkmale und Wesenszüge vom Symbolcharakter besitzen. Klassisch wird der Glaube durch Buddha, Dharma, Sangha verbreitet. Buddha höchstpersönlich hat die allumfassende Erkenntnisse, die Erleuchtung erlangt und verkündet sie der Welt. Dharma ist die Lehre Buddhas, die vor etwa 2500 Jahren erstmals niedergeschrieben wurde. Durch die Lehre wird der Gläubige auf den rechten Weg geleitet, was letztendlich zur Erleuchtung führt. Der Praktizierende darf nicht in seinem Bestreben zurückfallen. Sangha spiegelt die Buddhistische Gemeinschaft wider.

Der Buddhismus weist Gemeinsamkeiten mit dem Hinduismus auf. Zum Beispiel glauben Buddhisten an die Wiedergeburt. Das jetzige Leben beeinflusst kraft des Karmas das nächste. Das vorherige beeinflusste kraft des früheren Karmas das jetzige. Ein Mitglied bemüht sich, gutes Karma anzuhäufen, um wieder als Mensch wiedergeboren zu werden. Nur wir Denkenden können durch die Lehre Erleuchtung erlangen, was Ausscheren aus dem Lebenskreislauf bedeutet. Das heilige Ziel kann in zahllosen Leben erreicht werden. Schlechtes Karma sollte man tunlichst vermeiden. Neid, Rache, Hohn, Missbrauch, Intrige, Aberglaube, Verleumdungen, Raub, etc. sind negative Merkmale, die die guten Vorsätze vereiteln.

Ein weiterer Begriff ist Samsara. Wie das Meer sind darin Leid, Gefühle, Gedanken, Sünden, alles Schlechte (Chaos, ewige Wiedergeburten), alles Gute enthalten. Daraus kann niemand entkommen, so wie alles in der Natur existiert und man sich nicht von der Natur herauslösen kann. Doch genau das ist möglich durch die Praktiken Buddhas.

Optisch können wir stundenlang fabelhaft erstellte Mandalas mit viel Details von den tibetischen Mönchen bewundern. Dies sind bunte Sandbilder, die von Meisterhand geduldig angefertigt werden. Sie sehen im Ergebnis wie eine künstlerische Perfektion aus, gleichsam wie eine Hochkultur, die sich über die Zeiten hinweg aufblüht. Augenblicklich wird alles zerstört. Zurück bleibt nichts.

Tief im Herzen befasst sich das Herz-Sutra (Heart Sutra) aus dem Dharma mit den Sinnestäuschungen unserer biologischen Sinneswahrnehmung. Wir sehen die Umwelt durch die Augen, riechen mit der Nase, hören mit den Ohren, schmecken mit der Zunge, fühlen mit dem Tastsinn. Sehen wir eine Faust, dann läutet in uns die höchste Alarmstufe. Schließen wir die Augen, dann ist keine Gefahr objektiv vorhanden, obgleich die Gefahr sehr real besteht. Bei einer Krankheit könnten unsere Augen die Wahrnehmung trüben. Danach kombiniert das Gehirn das Gesehene zu einer gefälschten Realitätssuggestion.

Hierzu einige Beispiele. Touristen kommen jährlich nach Europa, darunter nach Deutschland. Die Einheimischen sprechen Deutsch, pflegen ihre Traditionen, essen ihre lokalen Produkte in den Stammlokalen - Spezialitäten für die ausländischen Besucher. Die urdeutsche Heimat zieht den Ausländer magnetisch an. Lokale Fremden sitzen nebenan. Hätte man gewusst, wie Deutsche heutzutage aussehen, man hätte mit Sicherheit keine Sehnsucht, nach Europa zu kommen. Die hiesige Bevölkerung sieht heterogener aus als im 19. Jahrhundert. Die

Eingebürgerten fühlen sich als Deutsche. Sie besuchten die gleichen Kindergärten, Schulen, hatten die gleichen Lehrjahre hinter sich. Obwohl sie den gleichen Pass haben, fühlen sie sich nicht als Urdeutsche. Das ist absolut richtig, da Urdeutsche weit zurück vor den Großeltern gelebt haben. Die historisch Ansässigen hingegen fühlen sich indes nicht immer als Urdeutsche. Hört man ihre Mundart, kann man üblicherweise ihre angestammte Heimat lokalisieren. Der Bayer fühlt sich zum Beispiel als Bayer. Bayern war ein eigenes Königreich, gehörte lange nicht zu Deutschland, genannt Preußen. Der blonde Deutsche fühlt sich u.a. als Skandinavier, der von woanders kam und sich hier niederließ. Er ist alles andere als urdeutsch und identifizierte sich nicht automatisch mit den katholisch geprägten Bayer. Mitunter ist es nicht einfach, Deutsche in einem Zelt nebeneinander sitzen zu lassen. Das wirkt sich auf die europäische Integration aus.

Kaum zu glauben, vor dem 2. Weltkrieg fühlten sich die jüdischen Bewohner als Deutsche. An ihrer Religion hielten sie aus Glaubensüberzeugung fest. Diese Ansicht brachte Ihnen fatalerweise den Tod.

Was haben Dämonen auf sich? Viele Asiaten haben die Gewohnheit, böse Geister zu begegnen. Für solche empfindliche Individuen scheinen diese sehr real zu sein, zumal sie Gespräche mit Ihnen führten. Im Gegenzug redeten die Furchteinflößenden mit Ihnen. Die Erzählungen geben sehr lebendige Erlebnisse wieder, als würden die Geister unter uns weilen. In der Tat scheinen

die Auseinandersetzungen vieler Mitmenschen die Gegenwart von verlorenen Seelen zu bestätigen. Ursache könnte Halluzinationen sein oder unbekannte, unerklärliche Gehirnaktivitäten in Zusammenhang mit dem kollektiven Bewusstsein. Dies alles plausibel zu erklären, bedarf fundamental feste Beweise für den Betroffenen. Alternativ wäre, den wahren Glauben zu bevorzugen. Der wenig Überzeugte ist leichter zu manipulieren.
Buddhistische Wahrheiten sind universell gültig.

Der Buddhismus kennt kein himmlisches Paradies, handelt es sich doch um keine monotheistische Religion. Ziel für den Anhänger ist nicht das Paradies. Solche sind sogar in Massen vorstellbar. Für welche sollen wir uns anstrengen? Grundsätzlich spricht nichts dagegen, sich für alle Gärten Eden zu bemühen. Der Oberbegriff dafür wird im Wort Nirvana zusammengefasst. Es bedarf ungeheure Anstrengungen, Meditationen, positive Karmas über immens viele Leben hindurch, ehe das höchste Stadium erreicht werden kann. Mit einer Absicht allein, könnten wir ohne weiteres vom Weg abkommen. Diverse Naturgewalten, physische oder mentale Zerstörungen behindern das Weiterkommen. In Thailand und anderswo wurden viele Menschen durch einen Tsunami getötet. Niemand konnte das vorhersehen. Wir können einer der vielen Gottheiten angehören, faktisch können wir sie nicht verleugnen.

Das irdische Paradies unterscheidet sich vom

himmlischen in der Erscheinung, einmal für das Individuum, das andere Mal für die guten Seelen zum endgültigen Verweilen.

FAKTEN IM ALL UND AUF DER ERDE

Der Apfel fällt nicht weit vom Stamm. Isaac Newton saß eines Tages unter einem Baum und die Frucht fiel auf dem Boden. Er machte sich daraufhin Gedanken darüber, warum sie gerade nach unten fiel und nicht in die entgegengesetzte Richtung abhebt. Er begann zu forschen, erkannte die Gesetzmäßigkeiten und stellte das physikalische Gravitationsgesetz auf. Das dauerte sein ganzes Leben lang. Er hatte viel zu überprüfen.

Im Weltall besitzen Planeten jeweils ihre eigene Masse. Zwei Körper ziehen sich immer an. Zwei große Massen ziehen sich noch mehr an. Der Apfel hat zwar sein eigenes Gewicht, doch die Erdschwerkraft ist im Vergleich gigantisch. Apfel und Erde ziehen sich also an. Für uns sieht es so aus, als fiele der Apfel auf die Erde. Wollen wir eine Rakete in das All schießen, brauchen wir sehr viel Treibstoff. Andernfalls würde sie herunterfallen.

METEORITENEINSCHLÄGE

Das gleiche gilt für Meteoriten. Auf den Planeten sehen wir überall Einschläge. Die Erdoberfläche ist mit Krater dünn übersät. Vegetationen verwischten viele Spuren. Wann ein Fremdkörper auf die Erde fallen wird, wissen wir nicht. Wie oft, fragen wir uns schon lange. Es ist aber möglich, dass ein größeres Gesteinsbrocken eines Tages auf den Boden aufschlagen wird. Unterschiedliche Aufprallwucht lässt Rückschlüsse auf die fallende Masse zu. Mindestens ein großer Meteorit verwüstete einmal die Erde in einem gewaltigen Ausmaß. Alles Leben im großen Umkreis wurde vernichtet. Die 2. Zerstörungswelle erfolgte durch die Atmosphäre, das heißt die Druckwelle. Überall herrschte zeitlich begrenzt die Dunkelheit infolge der himmelhoch aufgewühlten Landmassen. Pflanzen, Bäume und Tiere starben. Weil die Dunkelheit lange dauerte, bis sich alles beruhigte, hatten wohl die flüchtenden Erd- oder kleinere Landbewohner (Giraffe, Elefant, Schlange, Krokodil) echte Überlebenschancen. Seuchen, Plagen, Vergiftungen u.v.m. rafften viele Lebewesen dahin. In einer düsteren Welt mit weltweiten Auswirkungen verbrauchten kleinere Vertreter weniger Sauerstoff, Wasser und Nahrung. Nach einer Periode wurden sie kleiner im Körperbau. Belege finden wir in den veröffentlichten, wissenschaftlichen Forschungsarbeiten. In einer heilen Welt mit genügend Nahrung wuchsen die nächsten Generationen naturgemäß wieder über ihre Körpermaßen hinaus. Naturkatastrophen spielten und

spielen eine überaus große Rolle in der Evolution aller Spezies.

Meteoritenkrater weisen in der Mitte einzigartige Metalle auf. Schmiede wussten die Härte und die weiteren guten Eigenschaften zum Vorteil zu nutzen. Die Bearbeitung zum unverwüstlichen Werkzeug musste sehr aufwendig gewesen sein.

ZEIT ALS MASSEINHEIT

Zur Zeit sind wir zuversichtlich, dass der Kosmos sich ausdehnt. Durch die Ausweitung müsste die Anzahl der Meteoriteneinschläge innerhalb einer gigantischen Zeitdimension abnehmen. Das bedeutet, 3000 Jahre ist im Vergleich dazu nichts. Für unseren Augen verschwinden schwach leuchtende Sterne nacheinander vom nächtlichen Himmel.
Uns ist die irdische Zeit geläufig, zum Beispiel ein Jahr, ein Menschenleben. Die kosmische hat Albert Einstein mathematisch beschrieben, nämlich Raum ist Zeit. Wenn der Raum des Kosmos unendlich groß ist, rechnen wir mit sehr großen Zahlen. Für die Beschreibung der planetarischen Vorgänge benötigen wir einen neuen Ausdruck. Vorläufig begnügen wir uns mit einer Vorstellung über universell große Spannweiten.

Das Leben vergangener, heutiger sowie morgiger Tage

vollzieht sich fließend. Für uns vage geläufig ist die Vergangenheit, gut geläufig die Gegenwart und vage geläufig die Zukunft. Streng genommen müssen wir die Zukunft in nahe Zukunft, für die wir vieles planen können, und ferne Zukunft, für die wir keinerlei Einfluss haben, einteilen. 10.000 Jahre ist für uns schon kaum vorstellbar.

Dieser Mann lebte lange vor uns. Das sehen wir an dem Stil der Skulptur. Der kunstvolle Bart liefert uns das ungefähre Alter. In der Antike sahen die Steinmetzarbeiten anders aus, so auf dem amerikanischen, auf dem afrikanischen Kontinent, in Fernost.

DAS ERKALTEN DER PLANETEN

Raumfahrer blicken im Weltall nicht nur auf die Erde, sondern auf nahe und weit entfernte Planeten, allerdings nicht so gut mit dem bloßen Auge. Im Weltall gibt es Sonnensysteme, Galaxien, schwarze Löcher, uvm. Wir beobachteten, wie Sterne entstehen und sterben. Viele Planeten sind erkaltet. Ein Beispiel ist unser Mond. Er ist kleiner im Umfang und hat kaum Eigenwärme. Das ist höchstwahrscheinlich der Grund, warum es darauf kein Leben wie auf der Erde geben kann. Die oberflächlichen Temperaturunterschiede zwischen Tag und Nacht sind enorm, keine Verhältnisse wie bei uns. Die Erde wird irgendwann sicher erkalten. Danach wird unausweichlich

das Leben erloschen sein. Bei der Extremkälte im Weltraum würde vorher alles Flüssige per alleinige Sonnenwärme verdunstet haben (Mond, Mars). Wasserdampf könnte nächtlich schockgefrostet sein, tagsüber aus dem Boden herausschleudern. Bei weiterer Entfernung zur Sonne würde sich Eiskristalle nach und nach auf der Oberfläche ansetzen. In der schwachen Warmzeit bläht sich eine Gasatmosphäre auf. Ohne Meere könnte die Erdlandschaft wie die kahle Mondlandschaft von jetzt aussehen.

Was oberflächlich die Geothermie ausmacht, entspricht der atomaren Hitze im Erdkern. Die Wärme nimmt in einer Schneckentempo ab. Zum Glück sind die Meere im flüssigen Zustand. Lediglich die Pole sind vereist. Dort ist die Erdtemperatur nicht hoch genug, um Eis schmelzen zu lassen.

Mit dem Auseinanderdriften der Galaxien erscheinen weniger Sterne am nächtlichen Himmel.

WÄRME UND WASSER

Das Leben auf der Erde ist einzigartig. Es gibt keinen blauen Planet wie hier und jetzt. Vielleicht existieren außerirdische Lebensformen, die wir nicht kennen. Biologische begannen jedenfalls in der Ursuppe. In diesem Aspekt muss Eis implizit bei moderater Wärme zu

Wasser schmelzen. Große Hitze wiederum wäre schädlich für Erdlinge. Erdähnliche Planeten, wenn existent, müssten sich daher in einer habitablen Weltraumzone befinden.

Wir wollen nun Lebensformen in all seiner Vielfalt genauer erfassen. Ihre Überzahl existiert in Verbindung mit dem nassen Element. Darüber hinaus fanden Forscher Bakterien in eisigen Polarregionen. Die nächsten leben in einer für uns giftigen Umgebung. Dort würde niemand etwas lebendiges vermuten. Sie brauchen weder Luft noch Wasser und sind sehr widerstandsfähig. Weitere unterirdische haben allesamt beste Überlebenschancen. Die Erfahrung aus den pflanzlichen Wachstumsphasen zeigt, dass Bäume bis zu diesem Moment überlebt haben, weil es immer wieder Ruhephasen für die Erholung gegeben hat. Ein weiterer Grund liegt in der Erdeigenwärme, damit Tiefseeleben nicht zu Eis wird. Auch im Winter fühlen wir uns in thermischer Nähe wohl. Mit Regen gedeihen die Pflanzen gut. Ohne Süßwasser keine Ernte.

Evolutionsbedingt müssen sich Erdlinge an die Natur anpassen. Sie ändert sich ständig. Fauna und Flora entwickeln sich weiter. Heraus sticht der Mensch. Was für Wesen werden wir werden? Werden wir in der jetzigen Form weiter bestehen oder werden wir von den zukünftig besseren verdrängt, wie wir untergeordnete Tierarten ausgerottet haben? Wir wissen einfach nicht, in welcher Richtung unsere eigene Rasse sich genetisch verändern wird.

REALITÄTEN IM UNIVERSUM

Mittels des Hubbleteleskops bekommen wir eine bessere Vorstellung vom Universum. Unter anderem existieren riesige Menge von Galaxien. Diese wiederum bestehen aus unzähligen Planeten bzw. Sonnensystemen. Leuchtende strahlen in der absoluten Dunkelheit des Kosmos. Unsere Augen haben sich schon lange an das Licht gewöhnt. Ohne Licht sehen nichts und wir haben gar keine Ahnung, ob Gefahren auf uns zukommen. Zunehmend haben Forscher astronomisch große Schwarze Löcher ausfindig ausgemacht. Sie sind schwer zu lokalisieren. Dieses Phänomen muss genauer erforscht werden.

Für uns ist es schön, Sterne in Nacht zu beobachten oder zu zählen. Der hellste Fixstern hat etliche Kapitäne den Weg durch die Meere gezeigt. Schwach leuchtende Sterne sind auf dem ersten Blick der Beweis für ihre ungeheure Entfernungen. Das Licht kann Jahrzehnte, Jahrtausende, beliebig lang brauchen, ehe es uns erreicht. Es stammt aus der Vergangenheit. So paradox das erscheint, wir können dadurch in der Zeit zurückblicken. Soweit beobachteten wir das Entstehen und die Auflösung von astronomischen Objekten, nicht unseren. Sie können mit einer gewaltigen Explosion enden, einer sogenannten Supernova. Andererseits können neue Sterne aus dem „Staub" des Universums entstehen.

Werden neue Planetensysteme „geboren", so erinnert uns das an die Entstehung der Erde. Der Planet war glühend heiß, kühlte sich im Laufe der Zeit ab. Kontinente setzten sich an. Sie sind nicht fest an einem Ort, sondern bewegen sich unaufhörlich, nur nicht schnell wie zu Beginn. Der winzige Mensch kann die tektonischen Verschiebungen überhaupt nicht registrieren. Bei Vulkanausbrüchen treten heiße Lava aus dem Erdinneren hervor. Sie befinden sich unter den Kontinenten. Naturkatastrophen wüteten mal hier, mal dort – eine Laune der Natur.

DIE ERDLAUFBAHN

Galileo Galilei hat als Pionier die Sterne mit Hilfe des Teleskops beobachtet. Er hat zunächst etwas ganz unvermutetes entdeckt. Jahre vergingen und er fasst sich den Mut, der Gesellschaft mitzuteilen, dass wir nicht in einer heliozentrischen Welt leben, wie die katholische Kirche es am Anfang propagierte. Nicht die Sonne und unsere Planeten umkreisen die Erde. Alle umkreisen die Sonne. Die These war einem Erdbeben gleich.

Seitdem erforschen wir die Laufbahnen der bekanntesten Himmelskörper. Weitere astronomische Beobachtungen werden uns korrektere Informationen liefern, sobald die Instrumente präzise genug sind. Die Umkreisungen um einen Zentralgestirn ist mehr oder weniger elliptisch. Durch Entfernungsunterschiede erscheint der Mond unterschiedlich hell (laut NASA[1] ± 30%).

Weil wir die Umlaufbahnen studieren, kennen wir unsere genau. Sie ist elliptisch. Zu einer Jahreszeit bewegt sich die Erde näher zur Sonne, zu einer anderen entfernter. Außerdem dreht sie sich um ihre eigene Achse. Eine Rotation benötigt ein Tag, äquatorial 12 Stunden hell, 12 Stunden dunkel. Einmal um die Sonne gekreist bedeutet für uns ein Jahr.

Die Erdachse ist alles andere als fest. Wir können sagen, sie pendelt bildlich leicht in die eine Richtung, dann zurück in die andere Richtung – sie kreiselt kontinuierlich. Als Folge haben wir einmal viel Sonne in der nördlichen Hemisphäre, das entspricht den Sommer. Pendelt die Erdachse in die andere Richtung, haben wir viel Sonne auf der südlichen Hemisphäre, das entspricht den Sommer dort, aber Winter in der Nordhemisphäre. Zwischen den 2 Jahreszeiten findet der Herbst bzw. Frühling statt. Durch das 2-dimensionale Pendeln der Erdachse bekommen wir vier Jahreszeiten hintereinander, danach erneut vier Jahreszeiten usw.

Zusammen betrachtet erfolgt die Erdrotation in Verbindung mit der Sonnenumkreisung. Gleichzeitig kreiselt ihre Achse mit einer langsamen Geschwindigkeit. Das bedeutet überraschenderweise nicht, dass die Erde sich immer so 2-dimensional verhält. Im Gegenteil, die Erdkugel verhält sich wie ein Riesenball im All. Der Fußball

---

1 National Aeronautics and Space Administration

rollt gewöhnlich auf dem Boden, doch unser bewegt sich in einer minimal „rollenden" Art und Weise. Rollen wäre hier ein falsches Wort, doch typisch für eine 3. Drehbewegung.

Lassen wir zunächst die Rotation und das Kreiseln außer Acht. Betrachten wir einfach die Erde auf seiner Laufbahn. Er dreht sich unmerklich langsam, so dass ein fiktiver Oberflächenfixpunkt sich irgendwann überall befinden kann. Dies geschieht innerhalb einer unvorstellbar großen Zeitdimension.

Die Bewegungen der 4 Dimensionen (Rotation, Kreiseln, Umkreisung, seitliche Drehung) kombiniert betrachtet, tauchen unvorstellbar lange Zeitphasen an den Polregionen auf, in denen extremes Dauersonnenlicht vorherrscht. Nicht so aktuell der Fall. Wir haben verteilt relativ wenig Eis auf den Polen. Dazu wechselt sich der helle Tag mit der dunklen Nacht ab. Im weiteren Sinne gelten die irdischen Verhältnisse sowohl für die Vergangenheit als auch für die Zukunft.

In anderen Phasen sehen wir überhaupt kein Licht auf einer Polseite. Zwischen den hellsten und dunkelsten Extremen siedelt sich ein Zwischenzustand der Dämmerung an. Da wo kein Licht, da auch nur Eis, da auch wenig Lebenszeichen. Tages- und Nachtlänge variieren je nach Ort und Zeit. Permanent (nicht unendlich) dunkle Polphasen entsprechen den Eiszeiten. Als Resultat gibt es gleichzeitig auf der entgegengesetzten Erdseite Phasen, in denen die Mittagssonne kontinuierlich scheint. Dort gibt es keine dunkle, gefolgt von kaum dunkle, etwas dunkle Dauernächte. Da wo viel erträgliche Sonne, da auch vielfältiges Leben. Solche helle Phasen können wir mit Warmzeiten gleichsetzen. Für uns heißt das konkret: Es muss genügend Landmassen vorhanden sein für Landfauna und -flora. Auf kleinen Kontinentalteilen können nur eine begrenzte Anzahl von Lebewesen gedeihen. Sie passt sich immer der Natur an. Zweifellos wird die menschliche Rasse sich genetisch verändern.

Vorstellbar sind also Phasen, in denen es nur ein Eispol gibt, abwechselnd auf einer Globus-Seite, wobei die Größe der Permafrost-Fläche zeitlich variiert. Übrigens, im Kosmos wird nicht zwischen oben, unten, West, Ost unterschieden. Wir kommen später ausführlich zu diesem Thema zurück.

DIE GEZEITEN

Ebbe und Flut erklären sich durch die lunare Anziehungskraft. Auf der Mondseite hebt sich die Meeresoberfläche, ebenso auf der abgewandten. Ähnlich läuft es angeblich auf der Sonnenoberfläche ab. Dort dürfte die Gezeiten sehr gering sein, da die Gravitationskräfte der Erde recht klein sind.
Sollten unsere Fluten (2 mal am Tag) nach Billiarden von Jahren anwachsen, wäre das ein Indiz für die Distanzabnahme zum Mond. Als Folge müsste sich seine

Orbital-Geschwindigkeit erhöhen. Irgendwann würde seine Laufbahn zusammenbrechen, mit verheerendem Ausmaß. Entfernt er sich langsam von uns?
Ähnliche Szenarien der bekannten Laufbahnen sind vorstellbar. Unser Planet würde schneller um die Sonne kreisen. Im Kosmos kommen interstellare Kollisionen vor. Möglich wäre, dass unser Sonnensystem in die Breite wächst. Es ist lediglich eine Frage der Zeit.

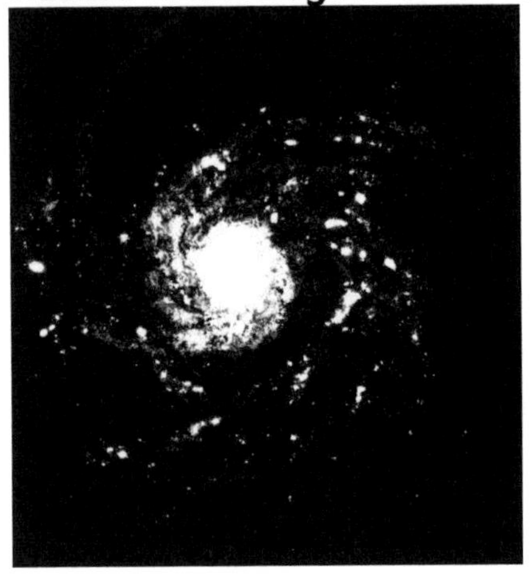

In einer unermesslich großen Galaxie bewegen sich die Sonnensysteme um einen Kern. Sie kommen sich näher und verdichten sich. Entfernen sie sich auseinander, spielen Gravitationskräfte eine kleine Rolle. Dem Anschein nach könnte die Erde in die Mitte der Milchstraße geraten. Nach Edwin Hubble driften Galaxien jedenfalls auseinander. In unserem kurzem Leben merken wir eigentlich nichts davon.

DIE VIER JAHRESZEITEN

Das Jahr teilen wir in 4 Teilen auf. Der Frühling ist die Zeit des Erwachens, der Übergang von der Kälte zur Wärme. Der Sommer ist sonnig und warm. Der Herbst kündigt die kurzen Tage an. Zum Winter gesellt sich die längere

Dunkelheit.

Im Kosmos gelten andere Gesetzmäßigkeiten. Durch die unterschiedlichen Sonnenscheindauer in den jeweiligen Phasen werden die Jahreszeiten unterschiedlich lang verteilt sein, vergleichbar wie Tag und Nacht in unseren Polarkreisen. Aus vier Jahreszeiten können mehr werden. Aus mehr kann eine Jahreszeit auf der anderen Erdseite entstehen. Zum Beispiel scheint die Sonne für 6 Polarmonate, während sie jeden Tag am Äquator auf- und untergeht. 6 weitere Monate lang bleibt es dunkel. Jahreszeiten, Tage, Nächte können verschwinden. Die Erdgesetzmäßigkeiten kommen der Laune der Natur gleich. Nach unserer Welt kommt eine andere Welt mit weiterentwickelten Fauna und Flora. Die Gene des Homo Sapiens werden durch die Laune der Natur geformt, wenn nichts anderes dazwischen kommt. Gott wird weiter existieren, sollte das menschlich weiterentwickelte Gehirn weiter die Fähigkeit haben, an Gott zu glauben. Wird das Denkvermögen durch etwas Undefiniertes ersetzt, beschleunigt oder gar noch nötig sein? Was die Evolution anbelangt, haben wir überhaupt keinen Einfluss darauf.

Diese zwei Käfer sehen dank ihrer Gene gleich aus. Spätere Käfer werden nicht anders aussehen, sollten die Erbinformationen erhalten bleiben. Diese Insekten leben jetzt, die zukünftigen in der nächsten Welt. Unter der Lupe sind sie einzigartig und kommen

nur einmal vor.

DIE POLARKÄLTE

In den Polregionen herrschten tiefe Temperaturen. Hier sind die Grenzen des Lebens gesetzt. Sollte die Polarkälte über eine kleine Dauer zunehmen und der Mensch gezwungen sein, dort zu leben, dann hat er nur den Gedanken zu überleben. Sein Instinkt in ihm würde sich bemerkbar machen. Sind wir zu dieser Zeit noch human? In der Historie kamen Kannibalen häufig vor, aus welchen Gründen? Nahrung könnte sehr knapp sein. Dadurch waren die Lebewesen mal mehr aggressiv, mal friedlich, mal Fleischfresser, mal Pflanzenfresser, mal intelligent, mal weniger intelligent, etc. Sollte die Intelligenz von großem Vorteil sein, wird sie weiter zunehmen. Sollte sie hinderlich sein, wird sie allmählich erblich bedingt verschwinden. An der Stelle von Klugheit kann etwas Überwältigendes hervortreten. Die Polarkälte kann aber auch nachlassen, um wieder neu zu beginnen.
Bisher können wir Bauwerke errichten, die uns für eine gewisse Zeit schützen.

DIE EISZEITEN

Eine Eiszeit definiert sich als eine Spanne von intensiver Kälte. Diese war in der nördlichen Hemisphäre sehr präsent. Ihre Dauer verursachte das Flüchten der Einheimischen in wärmeren Gegenden. Daher gelangten wichtige, wissenschaftliche Erkenntnisse in den Orient. Bei

Übersetzungen kamen sie wieder zurück nach Europa. Zunächst konnte sich kaum jemand mit ihnen anfreunden. Extrem lange Polardunkelheit kombinierte mit der Permafrost. Außer in Tundren konnte dort nichts wachsen. Darin dominierte die nachtaktive Fauna und Flora der Nordnatur. Tatsächlich wird der permanente Zustand durch die Erdrotation in Zusammenhang mit den Achsenneigungen, der Laufbahn und den unabhängigen Drehbewegungen verursacht. Am Rande der stark ausgedehnten, eiszeitlichen Ur-Polarregion war es nicht stockfinster. Am längsten dauert die Eiszeit in der Arktis. Hier ist sie fast am Ende angelangt. Am Südpol beginnt schon die nächste Süd-Eiszeit.

Wie archäologische Funde zum Teil belegen, kamen die prähistorischen Menschen mit dem Rückgang des Permafrostes aus dem Süden. Zukünftige Entdeckungen werden die Beweislücken füllen. Außer den großen Eiszeiten können üblicherweise kleine auftauchen. Sie treten aber örtlich auf.

DIE WARMZEITEN

Eine Warmzeit definiert sich als eine Spanne extremer Hitze. Vieles kann gedeihen, eigentlich eine paradiesisch schöne Zeit. Allerdings gehören Dürre ebenso dazu wie wüstenartige Einöden mit begrenztem Wachstum für große Tiere und kleine Gewächse. Wasserknappheit verursacht ernste Probleme. Glück kommt den speziell angepassten Lebewesen mit geringem Wasserhaushalt

(Kaktus) zu. Riesige und speziell angepasste Bäume wie der Mandelbrotbaum, die lange leben, Wasser speichert und tiefe Wurzeln besitzen, profitieren. Auch Knollenpflanzen genießen die Vorzüge. Eine große Warmzeit herrschte einst in der Süd-Hemisphäre. Am längsten verweilte sie am Südpol. Kleine Warmphasen gesellten sich dazu. Am Rande der permanent erhitzten Erdhälfte waren die Sonnenstrahlen wenig extrem, die Temperatur erträglicher.

In diesen Regionen kann sich das Leben voll entfalten. Dort würden wir das Ur-Paradies antreffen. Tagaktive Landfauna und -flora verbreiteten sich in den begrenzten Waldflächen. Die Probleme waren: Erstens, südliche Landeismassen waren nicht vorhanden, während nördliche kaum schmolzen. Zweitens, die sehr extreme Trockenheit verwandelte viele Gebiete zu Wüsten (Australische, Kalahari, Patagonische, Antarktische). Drittens, der sintflutartige Regen in kürzesten Abständen könnte große Gegenden überfluten. Für den Abfluss des gestauten Wassers sorgten gewaltige Ströme.

Momentan leben wir partiell weder in der Eiszeit noch in der Warmzeit. Wir befinden uns in einer gemäßigten Phase. Fast überall scheint, abwechselnd mit der Nacht, täglich die Sonne. Die Temperaturen sind ausreichend. Der Boden erwärmt sich und kühlt sich wieder ab. Konzentrieren sich die Sonnenstrahlen verstärkt in den nördlichen Breiten, steigt langsam das Nordklima. Das hat globale Auswirkungen. Beispielsweise wird die Nordwiese weniger grün. Nordwüsten auf Kontinenten werden sich vergrößern oder verlagern (Chihuahua, Sahara, Arabische, Zentralasiatische). Südliche hingegen werden sich verkleinern oder verschieben (Atacama, Kalahari, Große Victoria). Diese Prozesse merken wir gewöhnlich in Tausenden von Jahren.

DIE ERDACHSE

Die Erde rotiert um die eigene (bewegliche) Achse. Dreidimensional gesehen, beschreibt sie oben wie unten einen Kreis. Dies hat zur Folge, dass wir einmal lange sonnige Tage auf der nördlichen Hemisphäre bekommen, genannt die Sommerzeit. Im selben Moment herrscht Winterzeit auf der südlichen Hemisphäre. Neigt die Achse in die andere Richtung, bekommen wir auf der nördlichen Hemisphäre kurze, sonnige Tage, genannt die Winterzeit. Im selben Moment herrscht Sommerzeit auf der Südhemisphäre. Vier Neigungsrichtungen kennzeichnen den Sommer, Herbst, Winter, Frühling. Fein unterteilt geht die Jahreszeit in Zwischenstadien über.

Die nördliche Erdachse endet am Nordpol. Hier war die winterliche Nordwestpassage unpassierbar. Zur Zeit ist sie überwiegend das ganz Jahr über befahrbar. Die

Nordtemperaturen haben sich erfreulicherweise verändert.

DIE ERDDREHUNGEN

Während die Erde um die eigene Achse rotiert, umkreist sie die Sonne in einem Jahr. Gleichzeitig kreiselt die Erdachse. Das bedeutet keineswegs, die Erde verhält sich immer so einseitig. Im Gegenteil, sie bewegt sich zusätzlich dazu sehr langsam rollend im Kosmos. Der Erdball kann unabhängig davon samt Achse minimal in allen Richtungen drehen und bleibt auf seiner Laufbahn. Hier wirken insgesamt 5 Faktoren. Diese 5-dimensionale Einflüsse geschehen wiederholt in verschiedenen Zeitgeschwindigkeiten, von einem Tag (1 Rotation) über Jahre (elliptische Laufbahnkreise) bis zu dauerhaften Zeitphasen (Achse zeigt in Richtung Sonne). Auf der Erdoberfläche wechseln sich unterschiedlich lange Warm- und Eiszeiten ab. Zwischen 2 großen Zeitabständen liegen verteilt die kleinen Abschnitten. Innerhalb einer kleinen Warm-/Eiszeit sind die unterschiedlich langen Jahre angesiedelt. Gesamt betrachtet sind Tage, Jahre, Jahreszeiten, Eis-/Warmzeiten dynamisch lang.

DIE UNABHÄNGIGEN DREHBEWEGUNGEN

Lassen wir zunächst die Achsenrotation und die Achsenkreiselbewegung außer Acht. Betrachten wir nur den Erdball, der sich im All minimal vorwärts rollt bzw. ganz langsam dreht, alles in einer noch größeren

Zeitdimension.

Von dieser Vorstellung aus erwärmt die Sonne in den einzelnen überdimensional langen Zeitphasen dynamisch lang und unterschiedlich verteilt die Erdoberfläche. Es sind Phasen dabei, wo die Strahlen fast überall bzw. großflächig verteilt sind. In einer solch gemäßigten Phase leben wir zur Zeit. Es sind nur 2 relativ kleine Eispole vorhanden. Wir leben im Rhythmus eines hellen Tages und einer dunklen Nacht. Das vergangene Jahrhundert kennen wir recht gut. Dieses wird uns besser in Erinnerung bleiben. Das nächste wird uns noch besser bekannt sein. Das liegt daran, dass wir die gemachten Erfahrungen aufschreiben. Ein Desinteressierter wird im Gegenzug wenig Vorstellung von der Zukunft haben.

Es wird aber auch Phasen geben, wo Sonnenlicht auf einer Erdhalbkugel überhaupt nicht oder schwach vorhanden sein wird und das überdimensional lang. Dort wo Dauerkälte und tiefe Dunkelheit herrscht, werden wir permanent Eis finden. Eine Eiszeit breitet sich vom Polmittelpunkt aus und hält sich dort am längsten, ehe die gesamte Frostfläche sich Stück für Stück wieder zurückzieht. Auf entgegengesetzter Halbkugel wird gleichzeitig die gleich lange Warmzeit vorherrschen. Ihre dauerhafte Helligkeit steigt von ihrer Randzone bis zum Achsen-Endpunkt, wo die permanente Hitze unerträglich sein wird.

Generell greifen die Eis- und Warmzeit fließend

ineinander. Anders ausgedrückt, in einer gemischten Phase verteilt sich die Hitzeeinwirkung global. Sie kompensiert den geschwächten Frostzustand. Lediglich die Pole bekommen die klirrende Kälte zu spüren. Im nächsten Stadium bleibt durch den Teilrückgang des Frostes ein Eispol übrig, der sich heranwächst. Diese Gegebenheit liegt vor uns. Im wesentlichen sollte langfristig Schmelzwasser oder Regen vorhanden sein, damit wir die Heimat nicht verlassen müssen. Diese Indikation gibt uns die Bäume. Sie wachsen in Gebieten langanhaltender Verfügbarkeit. Durch sie fühlen wir uns an die grüne Heimat verbunden. Denken wir nur an die Sahara-Wüste, eine gefährliche Sandlandschaft für eine Zivilisation.

GEMISCHTE PHASEN

Gemischte Phasen sind alle denkbare Zwischenstadien, die anteilsmäßig zwischen der Eis- und Warmzeit liegen. Der Rhythmus zwischen hell und dunkel bestimmt das Leben, mancherorts schnell, mancherorts langsam. Dabei bekommen wir die variierbar langen Tage und Nächte. Phasen sind demnach geografisch unterschiedlich lang.

Klimatisch wird es feucht an kühlen Orten, trocken an warmen Orten. Entweder wird das Klima stetig wärmer (oberhalb des Äquators) oder die Sonne wird stetig erträglicher werden (unterhalb des Äquators). Die extrem lange Trockenheit kann nachlassen und in einen langen, geografisch tropischen Zustand übergehen (südliche

Hemisphäre). Seine Intensität variierte. Beispiel Wüste. Ihre Höchsttemperatur kann 60°C übersteigen. In den kühl-warmen Regionen ist das Wachstum über eine sehr lange Zeit unproblematisch, weil genügend Regenwasser zur Verfügung stehen. Tierische und pflanzliche Arten tendieren zum konstanten Wuchs. In der langen Kühl-Kälte hingegen wird sich ein großer Körperbau wegen der Wärmehaushalt durchsetzen. Bei extrem starken Winden muss der Organismus robust werden, was mit dem Gewicht zusammenhängt. Riesenbäume trotzen den Winden und brauchen gut in die Erde verankerte Wurzeln. Große Lebewesen konsumieren zwar mehr Nahrung, doch sie wird für lange Zeit unproblematisch werden. Kleine Körper auf der geografischen Gegenseite müssen dafür über eine höhere Herzfrequenz verfügen.

DIE WEISSEN RASSEN

In diversen Gegenden war die Kälte unvermeidlich, so dass die Lebewesen gezwungen waren, sich anzupassen, z.B. in der Nordhemisphäre. Über sehr lange Perioden wurde ihr Fell bzw. ihre Haut heller. Das lässt sich wie folgt erklären: Urmenschen lebten zunächst in den sehr warmen Tropen. Bekleidung war ungewohnt, gefährdete aber in Wirklichkeit die körperliche Temperaturregelung. Außerdem wurden Stoffe wohl nur für religiöse Zeremonien getragen. Sie mussten nackt wie bei den Indianern leben. Langsam verlagert sich das tropische Zentrum in Richtung Süden (hin zum Äquator). Die Kälte war jedoch erträglich. Ihre Haut wurde heller deckungsgleich zur anfänglich weißen Schneelandschaft. Als die Kälte unerträglich waren, mussten sie weiter südwärts ziehen. Im weiteren Verlauf wurde ihre Haut noch heller. Schließlich gerieten sie über dem Äquator. Danach änderten sich die Umweltbedingungen in umgekehrter Richtung. Sie folgten den weißen Tierrassen, die die Kälte nun im Norden suchten. Dort zog sich die Eismassen langsam zurück. Wie gut unsere Haut die Kälte ertragen kann, lässt sich u.a. durch die Kelten veranschaulichen. Sie hätten sehr wenig Bekleidung getragen. Auch bei rauem Klima hätten ihre Frauen nur Lumpen bzw. Stoffüberzug an. Ihre Hütten waren einfach gebaut.

Gut getarnt fallen Eisbären, weiße Polarhasen, Schneeeulen, Polarwölfe, Polarfuchse, Weißwale, etc. im arktischen Gebiet nicht auf. Nordische mit heller Haut und blonden Haaren (Wikinger) gehören dazu. Sie existierten solange es Eismassen gegeben hat.

KLEINER KÖRPERBAU

In Gegenden langer Trockenheit ist Wasser sehr kostbar und leider sehr selten verfügbar. Vorhandene Oasen bieten Abhilfe für sehr wenige. Das Schicksal schlägt gnadenlos zu. Kleinere Lebewesen, die weniger Wasser und Nahrung konsumieren, haben einfach Vorteile. Sie pflanzen sich fort, während größere Arten zugrunde gehen. Die indigenen Völker Amerikas und ihre Tiere haben vorwiegend einen kleinen Körperbau. Ihre

Pyramiden haben kleine Stufen. Parallel dazu bauen winzige Ameisen ihre Staaten aus. Ihre primitive Intelligenz leitete sich aus der Herde ab. Die Sechsbeiner denken nicht, sondern agieren innerhalb ihrer Kolonie. Mit zunehmender Kontinental-Trockenheit auf nördlicher Halbkugel wird sich der kleine Körperbau langfristig durchsetzen.

DIE DUNKELHEIT UND SINNESORGANE

In der Eiszeit ist der Himmel, je nach Lage, unterschiedlich dunkel. Dunkle Orte sind dennoch bewohnbar, wenn die Temperatur erträglich ist. Nachtaktive Tier- und Pflanzenarten benötigen wenig Licht. Sie haben ihre biologische Ausprägung. Fledermäuse, Wale und andere jagen ihre Beute ohne Probleme. Das funktioniert gut durch zusätzliche Sinnesorgane (Echoortung). In Kombination mit den Flügeln bewegen sich die Lufttiere schneller als ihre ahnungslose Beute am Boden und sind fast überall präsent. Höhlenfische brauchen ihre Augen nicht und können trotzdem kleinere Organismen fangen. Viele Tiefseebewohner orientieren sich sehr gut in der völligen Dunkelheit. Bis in diese Tiefe wird das Meer im wahrsten Sinne des Wortes nicht gefrieren. Fazit: neue Sinne können sich über Generationen entwickeln. Nicht benötigte Organe bilden sich in der permanenten Dunkelheit zurück. Mit langfristig zunehmender Kälte und längerer Dunkelheit in südlicher Erdhälfte wird sich das spezialisierte Leben durchsetzen müssen.

DIE FLUGFÄHIGKEIT

Es ist außer Frage, dass Vögel die Fähigkeit haben, überall hin zu fliegen. Dies hat die menschliche Fantasie beflügelt. Aus der Inspiration entstanden mit Hilfe der Technik die ersten Flugzeuge. In freier Natur wandelten sich die seitlichen Vogelgliedmaßen nach und nach mit den auftretenden Dauerwinden zu Flügeln. Obgleich Ur-Flugtiere schwergewichtig waren, konnten sie sich in die Atmosphäre abheben. Das haben wir gewiss den extrem starken Luftzügen zu verdanken. Sie traten verstärkt am Äquator auf, wo sich die frostigen mit den hitzigen Ausläufer zusammentrafen. Der Austauschdruck durch die zwei Extrempole sorgte für den erforderlichen Auftrieb.

Das Fliegen versetzte die Urzeit-Vögel in die Lage, über die Meeresoberfläche zu gleiten. Naheliegende Inseln bildeten wahrscheinlich Zufluchtsorte. Der Wasserstand senkte sich zwar, denn gewaltige Eismassen auf der frostigen Erdseite blieben im festen Zustand. Zudem verdunsteten Südmeere in der Dauerhitze überproportional. Gerade deshalb waren viele Landflächen verbunden. Sie ließen sich zu Fuß erreichen. Inselchen entstanden für eine Periode. Irgendwann gingen sie wieder unter (Sandbänke). Tritt nun zwischendurch eine Katastrophe wie die Dürre der doppelten Intensität ein, so kann alles Leben wegziehen, was laufen kann. Ist das Festland klein, dann ist kein Ausweg in Sicht. Entweder die Landtiere gehen unter oder sie müssten im Meer leben können. Besser wäre, fliegen zu können. Nützliche Organen verkümmerten nicht. Inmitten von Nahrungsmangel suchten Wale, Delfine, Robben ihren Lebensraum zwischen Ufer und Meer.

FLEXIBLE EVOLUTIONEN

Eis- und Warmzeiten wechseln sich gegenseitig ab. In den gemischten Phasen verteilt sich die Kälte und Wärme geografisch und bestimmt das relativ gemäßigte Klima. Fauna und Flora passen sich im Optimalen dort an, wo das Klima am erträglichsten ist. Tierwanderungen waren schon in den frühesten Zeitabschnitten lebensnotwendig. Wegen Gefahren in den einzelnen Regionen entwickelten sich die Spezies unterschiedlich schnell. Nach etlichen Zeitspannen bildeten sich die arttypischen Merkmale aus. Aus der Vielzahl an Evolutionszweigen läuft die menschliche offensichtlich am schnellsten und effektivsten voran. Das Ergebnis ist die unübertreffliche Intelligenz. Zusammen mit anderen, geerbten Faktoren stehen wir auf der obersten Stufe. Im Grunde haben wir die einfachen Merkmale doch geerbt, aber das gespeicherte Wissen in den Büchern, z.B. über Mathematik, macht uns viel intelligenter. Eine alternative Erklärung liegt in der Tatsache, dass verschiedene Spezies ihre Blütezeit hatten und auf dem gesamten Globus dominierten. Abgesehen von Dinosaurier können u.a. Ameisen, Nadelbäume, Schlangen aufgezählt werden. Sie besiedeln die Kontinente.

Der Mensch hat die Möglichkeit, neue Wohngebiete zu erschaffen. Mit fortschreitender Technik können wir ein Zuhause unter der Wüste zustande bringen.

DER ÄQUATOR

Historisch erleichterte die Einteilung des Erdglobus in Längen- und Breitengrade die Seefahrt erheblich. Für das bessere Verständnis wollen wir zusätzlich den <u>Sonnenstrahlenäquator</u> definieren. Er beschreibt nicht den größten Umfang, sondern verläuft dort, wo die Sonnenstrahlen senkrecht auf die Erde treffen. Er verschiebt sich je nach Phase, wodurch erhebliche Folgen für die Lebewesen nach sich ziehen. Ausgehend von einer Polregion (z.B. Südpol) verschob er sich in der fernen Vergangenheit in Richtung des heutigen Äquators, in Zukunft weiter in Richtung des Gegenpols, danach wieder zurück, usw. Auf der Weltkugel dargestellt, ändert er mit der Zeit seine Lage. Er kann punkt-, kreisförmig oder elliptisch sein.

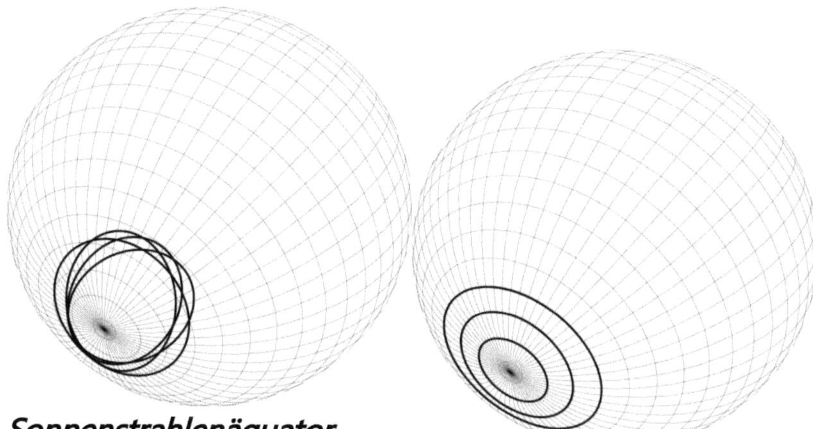

Sonnenstrahlenäquator
schematisch: Verschiebt sich von Pol zu Pol. Danach
wiederholt sich die unendliche Eis-/Warmzeitverlagerung.
Die Achsenneigung beträgt bis ~30°, daher der
elliptische Umfang, der die Breiten von Ost nach West
belegt. Über die Zeit wandert er über die ganze
Erdoberfläche. Seine Intensität nimmt an den Polen
extrem zu.

Hat der tropische Gürtel einen festen Bezug? Eine große Anzahl von Strömen und Flüssen im Amazona-, Kongobecken, Indiens, Ostasiens sprechen für sich. Hier befand sich die Schnittstelle zwischen zwei Erdhälften. Deshalb müsste es in der Vergangenheit sehr viel bis dauerhaft geregnet haben. Vor dieser Zeit kam es zu Überschwemmungen. Langwährende Sintflut war keine Seltenheit. Frühbewohner hatten diese Gebiete gemieden. Mit dem Rückgang des hohen Wassers ließen sie sich nieder. Da die Kontinentalplatten sich bewegen, hatte sich der tropische Gürtel verschoben. Potentielle

Ströme in den USA, Binnengewässer Südeuropas, Russlands sowie potentielle Seen in Zentralasien, den Tarim- und Gobi-Becken könnten sich in der zukünftigen Phase dauerhaft füllen, besonders wenn die tektonischen Platten sich nach Süden verschieben. 4000 Jahre alte Begräbnistradition in der Taklamakanwüste belegen Boote und deren Einsatz.

DIE HOCHKULTUREN

Weit zurück in der Zeit gab es Hochkulturen auf der ganzen Welt. Auf dem amerikanischen Kontinent haben die Azteken, Mayas und Inkas in der Mitte ihrer Blütezeit gewaltige Monumente erschaffen. Vor ihnen kamen frühere Hochkulturen im heutigen Peru vor. Riesige Geoglyphen belegen ihre Existenz unterhalb des Äquators.

In Afrika waren es die Ägypter, die ihre uralte Monumente und Grabanlagen der Nachwelt hinterließen. Ihre Vorfahren kamen aus dem Süden. Belegt sind die schwarzen Pharaonen, die am Anfang geherrscht haben. Ein Teil der Vorfahren des Homo Sapiens waren ursprünglich in Afrika beheimatet.

Den Hochkulturen in Mesopotamien haben wir viele Errungenschaften zu verdanken. Eine große Vielzahl von Gefahren (Trockenheit, Dürre, Überschwemmungen, Tsunamis, Vulkanausbrüche, ...) zwangen die Menschen ihr Glück anderswo zu versuchen. Nichts hielt die Menschen ewig an einem Ort, sie folgten instinktiv den Tierherden, den Früchten, usw. Weiter südlich entstand vor ihnen zweifelsohne eine Hochkultur vom Volk der Sumerer. Östlich davon befand sich die Indus-Zivilisation (Indien). Die fernöstliche war am Gelben Fluss beheimatet.

DIE ARKTIS

Sieht sich als die Heimat des Eises und der einzigartigen, weißen Rassen, ein Merkmal für die Polarkälte von extrem langer Dauer. In der Tat dominierte Väterchen Frost und die Dunkelheit. Fast die gesamte Halbkugel war eine riesige Eisfläche. Zu jener Zeit kam sicherlich kein Leben bis dahin. Erst später wanderten sie ein. Am Rand jener Fläche, wo die Bedingungen erträglich waren, tummelten die Ansässigen. Die Flora war der Fauna voraus. An bestimmten Orten war die Landschaft rau, anderswo friedlicher, wieder anderswo eher gemächlich. Tierherden der Tundra hatten Vorteile, weswegen unterschiedliche Populationen sich an vielen Orten aufhielten. Dazu gehörten die Urmenschen. Die Natur bestimmte ihr Aussehen, Verhalten und alle anderen Merkmale.
Mit dem Rückgang des Eises schrumpfte seine Fläche. Menschliche Vorfahren bauten ihre Sesshaftigkeit aus. Anfängliche Siedlungen wandelten sich zu Städte. Dazu später mehr.

DIE ANTARKTIS

In der Antarktis sind die Temperaturen niedriger als in der

Arktis. Von Natur aus begegnen uns keine Eisbären oder typisch weiße Rassen. Dies spricht eine Polkälte jüngeren Datums. Somit wird sie noch weiter wachsen. Erinnern wir uns wieder an die ersten Hochkulturen. Sie befanden sich relativ nahe zum Äquator. Streng genommen sind wüstenartige Gegenden mit Ruinen oder Geoglyphen verlassene Orte, die ihre Zivilisation beherbergte. Es handelte sich um klimatisch begünstigte Zonen, wo eine üppige Vegetation begrenzt selbstverständlich war. Für Städte konnte genug Korn/Mais wachsen (Südamerika).

In Afrika setzte sich das anfängliche Leben irgendwo unterhalb des Sudans/Äthiopien fort. Die prähistorische Evolution eines humanen Zweigs wurde auf diesem Kontinent vermutet. Eine hochentwickelte Gesellschaft prägte Mesopotamien. Ihre Erkenntnisse gehören heute zu einem wesentlichen Teil unserer Kultur, z.B. die Mathematik. Seid Menschen die Schrift erfunden haben, wurde das Wissen in seiner jetzigen Form weitergegeben. Solange das Alltagsleben an einem Ort möglich war, blieb man in der Heimat. Das wissen wir von den indigenen Völker, die erst dann weiterziehen, wenn beispielsweise der Boden ausgelaugt ist und wenig Nahrung angepflanzt werden konnte. Außerdem verursachte der Insektenbefall Ertragsausfälle wie in einer Monokultur. Jedoch harrten Städter an einem Ort aus, es seid denn, Trockenheit und Dürre zwangen sie zum Verlassen ihrer Heiligtümer (Tempelanlagen).

Vorgeschichtliche Niederlassungen sind per Archäologie

bekannt. Nicht nur Funde lassen sich vielfach deuten. Anfängliche Analysen erwiesen sich manchmal als falsch. Ein Fachmann kann sich da weniger irren. Wer ist kompetent genug? Es lässt sich nicht leugnen, dass alte Hochkulturen nicht sehr lange in ihrer Heimat verweilen konnten und sich in nördlicheren Regionen auflösten – ein Indiz für das Zurückziehen des Eises in nördlicher Richtung. Im Gegenzug schwächte sich die Antarktis in seiner Extreme. Darüber haben wir leider keinerlei Erfahrungswerte. Die sengende Hitze jedenfalls schob sich nordwärts. Wie lange werden wir unsere Hauptstädte natürlich halten können? Was die große Eiszeit am Nordpol war, bedeutete die große Warmzeit am Südpol. Im weiteren lag der Sonnenstrahlenäquator im Umkreis der Antarktis. Er verlagerte sich in einem sehr langsamen Tempo. Seine Intensität schwächte sich dabei. Wo ist die Sonne aktuell am stärksten zu spüren? Aufgrund der Wüstenbildung leicht oberhalb des Äquators und der vermehrten Eisschmelze in der Arktis (Nordwestpassage) können wir davon ausgehen, dass dort der Wärmeäquator liegt.

DIE HOCHKULTUR IN CHINA

Die chinesische Geschichte liegt ca. 5000 Jahre zurück. Zu Beginn lagen die Hauptstädte weiter im Süden des Landes, die einstigen Zentren der Macht. Gemeinsame Bräuche und alte Religionen hielten die Menschen zusammen. Es waren die Herrscher, die die Richtung vorgaben. Sie verlagerten ihren Sitz. Mit Ihnen änderten sich die gesellschaftlichen Werte. Kriegerische Auseinandersetzungen zwischen den Reichen brachten Gelehrten wie Konfuzius dazu, ein besseres Bewusstsein im Bürgertum zu etablieren. Darauf baut schließlich die Staatsordnung auf. Der Reichsherr förderte seine angestammte Religion wie der Taoismus, Konfuzianismus, Buddhismus, um das Land zu einigen. Neue bewährten sich und brachten die Ideale oder Tugenden zum Vorschein. Doch nichts half kontinuierlich. Reiche gingen unter. Zwischenzustände nisteten sich ein. Missernten, Hungersnöte, regelmäßige Trockenperioden, die daraus resultierende Kriege und ähnliche Naturgewalten zwangen die Obrigkeit wohl dazu, ihre Hauptstadt nördlich zu verlagern. In der Folge blühten nordasiatische Völker (Mongolen, Mandschu) auf. Was unterhalb des Himmels geschah, unterliegt den Gesetzmäßigkeiten der Natur. Prähistorische Stämme waren begrenzt in ihrer Population und fielen historisch nicht wesentlich auf. Anders die Hauptstädte. Sie bilden das Rückgrat einer Nation.

DER RÜCKGANG DES EISES

Warum verlagerten sich die Hochkulturen in nördlicher Richtung? Nun, die Natur gab diese Richtung vor. Der Erdball bewegt sich, unabhängig von seiner Rotation, in eine Position mit mehr Sonnentagen auf der Nordhalbkugel. Vegetationen und damit Zivilisationen erlebten ihre Höhepunkte nach dem Rückgang des Eises. Reis wuchs auf Feuchtgebieten, die den fruchtbaren

Boden ausmachten. Wasservorkommen förderten die Produktion von Nahrung. Sein Überfluss kennzeichnet die goldenen Zeiten. Leider kann die Feuchtigkeit abnehmen. Nach einer Periode der Wärme ausgesetzt wird der Boden trocken. Regen lassen allmählich nach. In manchen Gegenden Afrikas kam er sehr selten. Das Leben stagnierte oder reduzierte sich. Ähnliches passierte an den verlassenen Orten, als die Tiere abwanderten. Gewächse waren wieder der harten Umgebung ausgesetzt. Sie mussten sich neu behaupten. Bessere Arten haben mehr Überlebenschancen. Zum Glück bildeten sich neue Fauna und Flora anderswo besser. Der Zyklus trägt sich fort. Derartige Vorgänge geschehen nicht über Nacht, sondern ganz unmerklich und langsam. In der Nähe des nördlichen Eises werden wir langfristig gutes Klima bekommen.

Die Eidechse besitzt eine Schlangenzunge.

DIE ZUKUNFT DER ARKTIS

Wird die Arktis grün? Davon ist auszugehen. Eskimos besiedeln seit langem die Polargebiete. Sie trotzen den eisigen Temperaturen. Alles was sie suchen, finden sie in dieser Region. Zwar ist die Gegend baumlos, doch die Luft enthält genau so viel Sauerstoff wie in den Wäldern. Diese angereicherte Luft ist immer überlebenswichtig für den Verbrennungsprozess in den Biozellen.

Schon jetzt fangen die Eisdecken zu schmelzen an. Die Tundra vergrößert sich. Es ist eine Frage der Zeit, wann hohe Gewächse sich darauf wachsen werden. Wir werden eventuell nachhelfen.

Fazit: Die Flora zu erhalten fördert das Leben auf der Erde. Sie stand und steht stellvertretend für unsere Heimat, über Grenzen hinaus. Denn Tier- und Pflanzenwelt leben in Symbiose. Wir Menschen sind vorausschauend genug, um unser Zuhause ein Gesicht zu geben. Der Bauer weiß, wir sind von der Vegetation umgeben, nicht von Straßen und Häusern. Ohne diese überleben die Landesbürger durch die des benachbarten Landes (Korn) oder durch die Meeresflora (Seetang). Diese Realität ist die wahre Realität. Bei allem Respekt das Joggen im Park ist gesünder und macht mehr Vergnügen. Verringert sich der Sauerstoffgehalt in der Luft, könnte dies Bakterien begünstigen, die ohne O_2 auskommen. Epidemien könnten die Menschheit heimsuchen.

In absehbarer Zukunft wird die Arktis dichter besiedelt werden. Sollte das Eis sich völlig zurückgezogen haben, so wird das arktische Meer eisfrei sein. Neue, moderne Städte werden sich auf die gewonnenen Landmassen und Inseln konzentrieren. Bis dahin vergehen sehr viel Zeit. Polartiere könnten bei steigenden Temperaturen Schwierigkeiten bekommen. Sie könnten auf die andere Seite der Erde gebracht werden. Das antarktische Eis wird uns auf jeden Fall erhalten bleiben. Seine Fläche wird sich vergrößern. Sobald die große Eiszeit über der Arktis endet, geht sie in eine Warmzeit über. Sie wird unvorstellbar lang dauern.

AFRIKANER

Vergleichen Sie Ihre Haut mit der eines echten Afrikaners. Seine hat weltweit die stärkste Pigmentierung. Sie werden erblich an die Kinder weitergegeben. Dieses Genmerkmal zeugt von einer Sonnenbestrahlung über Generationen hinweg. Das afrikanische Kontinent musste südlicher gelegen haben. Das ist nicht verwunderlich. Alle Süd-Kontinentaler hatten mehr oder weniger dieselbe Pigmentierung. Es kommt einem vor, dass helle und dunkle Rassen sich vermischt hatten. Nur manche Pharaonen betrieben die Völkertrennung. Sie bekämpften ihre klassischen Feinde. Warum schwarze Äthiopier in diesem Landesteil vorkamen, hat mit dem großen Kongobecken zu tun, welcher eine einzige Sumpfzone war. Höchstwahrscheinlich hatte es sehr viel geregnet, so dass die Sintflut vor sehr langer Zeit allgegenwärtig war. Äthiopien liegt geografisch höher.

Fazit: Die Sonne bestrahlte einst einen Erdteil mit voller Kraft. Sie schien nicht 12 Stunden lang, nicht 24 Stunden, sondern kontinuierlich über eine sehr lange Zeitspanne. Mit dem Ende der letzten Nordwarmzeit drehte sich die Erde schrittweise in eine unabhängige Position, die eine gemäßigte Mischphase wie unsere jetzige ermöglichte. Danach folgte die Südwarmzeit. Fortan konzentrierte sich das Leben größtenteils auf der Südhemisphäre. Die südlichen Organismen passten sich gut an die extrem sonnige Umgebung an. Ihre Haut wurde allmählich dunkel, unterschiedlich in Nuancen.

Als die Südwarmzeit abschwächte und die Wärme sich auf den Äquator zubewegte, mussten viele Ur-Vorfahren ihre südlichste Kontinentalheimat verlassen. Teile der vorherrschenden Südvegetationen blieben erhalten. Eine Fraktion der ansässigen, afrikanischen Vorfahren gelangten auf die höheren Ebenen. Unterhalb der überschwemmten Kongobecken bekamen die meisten Afrikaner ihre dunkle Pigmentierung. Sie können sich wohl am besten unter extremer Hitze überleben. Dunkle Haut hatten auch die Aborigines.

INDER, INDONESIER

Östlich von Afrika befindet sich die Heimat der Inder, weiter südöstlich die der Indonesier, wiederum südlich davon die der Australischen Ureinwohner. Ihre Haut ist überwiegend ähnlich stark pigmentiert. Mit Bezug auf die frühzeitliche Kontinentalbewegung lagen Indien und Indonesien ähnlich weit südlich. Allerdings waren die Gebiete miteinander verbunden, sogar nach Australien und Neuguinea. Das Great Barrier Reef ist ein gutes Beispiel. Es war trocken und ragte aus dem Meer.

Griechische Mythologie. Wie giftige Schlangen kann Medusa Männer töten. Ihr unsterblicher, kleiner Clan bleibt dort, wo niemand sich aufhält. Trotz ihrer

POLE UND TROPISCHES KLIMA

Beide Pole sind vereist. Grund dafür ist die Verschiebung des Sonnenstrahlenäquators hin zum Äquator. Dabei sind die Nächte und Tage in jetziger Form entstanden (jeweils unterschiedlich lang). Können wir ein tropisches Klima zukünftig in Europa erwarten? Ja, aber die Kontinental-Temperaturen werden höher ausfallen als die mediterrane, die zuvor steigen.

Prinzipiell hat sich das Klima innerhalb des tropischen Gürtels nicht verändert. Außerhalb füllt es sich kühler an, wobei die nördliche Sonne stärker aufheizt. Die tropische Zone wird sich nordwärts verlagern und eine neue Bedeutung bekommen. Es muss zwischen gemäßigten, starken und extremen Tropen unterschieden werden. Würde er sich nicht verschieben, bleibt das Packeis für immer konstant. Die Fakten sprechen eine andere Sprache. Regionen mit Permafrost fangen zum Teil an, matschig zu werden. Taut der Boden auf, versinken ganze Gebäuden in den Grund. Städte könnten in diesem Fall unbewohnbar werden. Gemeint sind die Gebiete nördlich von Europa, Asien, Amerika. Das Eis zieht sich schon seit jeher zurück, nur der kurzlebige Mensch konnte den Rückgang nicht bemerken und keinen Zusammenhang erkennen.

Kenner alter Riten sind die Begriffe „Julfest" (Mittwinterfest), „Mittsommerfest" (Maibaumfest) sehr geläufig. Nicht nur Europäer kannten die Wintersonnenwende mit der längsten Nacht des Jahres und die Sommersonnenwende mit dem längsten Tag. Traditionell feierten sie zu diesen Zeiten kultische Feste. Sonnenwenden sind relativ einfach festzustellen, indem man die Nachtlänge oder Tageslänge beobachtet. Je nachdem wo man sich befindet, unterscheiden sich die Werte. Der Normalbürger kennt leider keine Bezugszahlen in der Vergangenheit. Er kann keine Vergleiche anstellen.

In Wirklichkeit variierte die maximale Tages-/Nachtlänge entsprechend. Mancherorts endet der Tag um 20 Uhr, weiter nördlich um 22 Uhr. Am Nordpol bzw. am Südpol geht die Sonne für 6 Monate nie unter und die Nacht dauert 6 Monate lang. Ferner sind die Sonnenstrahlen sehr schwach, denn die Sonne steht meist nur etwas höher als der Horizont. In der Nacht bleibt die Sonne nicht viel unterhalb des Horizonts. Daher ist die Nacht unterschiedlich dunkel, der Tag unterschiedlich hell. Ohne die Kraft der Sonne würde das Polareis nie schmelzen. In der Dunkelheit kann die Frost zunehmen. Der Sonnenstand steigt von Jahrzehnt zu Jahrzehnt und lässt noch mehr Schnee schmelzen.

Naturgemäß wird die Luft beim Sauerstoffverbrauch

wärmer, entweder beim Verbrennen von Holz, in den Verbrennungsmotoren oder im Körper, wo die Verbrennung in den Zellen abläuft. Hinzu kommt die Wärme der Sonne im Boden. Die Vegetation verschluckt einen Teil der Sonnenstrahlen und wandelt mittels Photosynthese Kohlendioxid in Sauerstoff um. Bei diesem Vorgang wird Wärme benötigt. Die Wälder sorgen auf diese Weise für ein kühleres Klima in der Umgebung. Das merkt man deutlich im Sommer. Gerne sitzt man unter einem Baum, um der Sonnenhitze zu entgehen. Fehlt die Vegetation, so wird die Atmosphäre durch die Hitze auf dem nackten Boden (architektonische Bauten, Infrastruktur, Wüsten, kahle Landschaften) innerhalb eines langen Tages mehr erwärmt. In der Nacht kühlt sich der Boden langsamer ab. Fehlt eine große Waldfläche über eine lange Periode, so fehlt der natürlich kühlende Effekt.

Aus Beobachtungen auf den Feldern leiten wir ab, dass den Insekten das saftige Grün schmecken. Sie wiederum werden von größeren, animalischen Räubern gefressen. Wir essen zum Beispiel Krabben. Was pflanzliche Nahrung angeht, Obstbäume machen die Landschaft natürlicher im Anblick und bringen uns vitaminreiche Fruchterträge, zweifelsfrei eine Win-Win-Situation. Das Gegenteil wäre kahle, öde Landschaften infolge von Erosionen. Landwirtschaftliche Kornfelder ernähren im allgemeinen die Landesbürger. Durch Bewirtschaftung erhalten wir die wertvolle Humusschicht.

Wenn wir uns im Nachhinein an die früheren Zeiten

erinnern, konnten wir keine neue Lieblingsobstbäume oder Blumen pflanzen. Das Klima war zu kalt dafür. Manche Pflanzen gedeihen nur in wärmenden Gegenden, heute dennoch bei uns. Diese Tatsache führt dazu, dass verstärkt mehr Spezialanbauflächen in Europa angelegt wurden. Das Resultat ist unter anderem Orangen in Hülle und Fülle, Zitronen, Nektarinen, Birnen, Granatäpfel, Sojabohnen, Reis, heimische Trauben in Skandinavien, mehr Kräuter, seit man weiß, wie die Pflanzen in kühleren Gebiete besser zu kultivieren sind.

Lediglich tropische Früchte wachsen nicht in den höheren Breitengraden. Es bleibt abzuwarten, wann sie in Europa heimisch werden könnten. Unser Gefühl sagt uns, das Mögliche im Unmöglichen wird eintreten. Beweisen lässt sich so was nicht oder noch nicht. Wie sieht es bei den Botaniker aus? Eines steht fest, er kann nicht das exakte Wetter vorhersagen. Könnte ein Supercomputer die Aufgabe übernehmen, würde man ihn als göttlich betrachten. Gewiss nicht. Irgendwann wird das tropische Klima uns erreichen. Normalerweise denken wir, Tropenbäume könnten dann in Europa wachsen oder der Regenwald würde bis zu uns gelangen. Dem ist nicht so. Auch hier hatte es eine Urwald gegeben. Wichtig ist der fruchtbare Boden. Ohne ihn wachsen in der Sahara keine Bäume. Gewächse schützen sich gegenseitig. Sie speichern gemeinsam die Feuchtigkeit in der Erdschicht. Alleine haben sie schlechte Chancen gegen die Verdunstung.

Tropisches Klima hin und her. Exakter definiert, liegt es am Wärmeäquator. Er wird sich weiter vom normalen Äquator entfernen. Das können wir feststellen, in dem wir die Länge des längsten Tages im Jahr über einen sehr langen Zeitraum messen. Genauso können wir die Länge der längsten Nacht messen. Im Messzeitraum werden die Ergebnisse unterschiedlich ausfallen. Übrigens, nur die Bewohner in den nördlichen Breitengraden bemerken das Phänomen der Wetteränderung. Die Menschen am Äquator bemerken das so gut wie nicht. Für sie scheint die Sonne stets 12 Stunden lang, die Nacht dauert stets 12 Stunden, alles im Normbereich, also kein Grund zur Beunruhigung.

Guaven-Baum in Europa? Sie könnten an Orten wachsen, wo sie gute Bedingungen finden, darunter sonnige Lage, ausreichend Regen, fruchtbarer Boden.

Je stärker die Sonne auf der Nordhalbkugel strahlen wird, desto weniger wird sie sich über der südlichen abschwächen. In dem selben Ausmaß wird das Nordpolareis geschrumpft, das Südpolareis vergrößert. Konkret heißt das, die Temperatur erhöht sich um so mehr, je länger die Sonne scheint, z.B. 14 Stunden am Tag. Die Temperatur sinkt um so mehr, je flacher sie steht (10 Stunden Tag). Angenommen Sie befinden sich etwas über der äquatorialen

Linie, also nördlich davon. Dort werden Sie merken, tagsüber wird es mehr 12 Stunden hell sein, d.h. beispielsweise 13 Stunden. Die Nacht wird 11 Stunden dauern. Sie können 1 Stunde weniger schlafen. In dieser Region werden Sie die Sonne direkt über ihren Kopf sehen und das 13 Stunden lang. Sie werden die noch wärmere Luft spüren. Daraus resultiert die höhere Tropentemperatur, denn der Tropenbereich hatte sich verschoben. In diesem Sinn werden die Temperaturschwankungen zwischen den zwei Halbkugeln extremer werden.

WELTWEITE LUFTTURBULENZEN

Weltweit bleibt die atmosphärische Langzeittemperatur nicht konstant, zumindest nicht so wie es einmal war. Früher oder später werden wir es merken. Hinzu weichen die Temperaturen vergleichbarer, geografischer Breiten auseinander (Nord-Süd-Gefälle, Honolulu, Rarotonga). Als im winterlichen Europa noch Kälte von -20°C herrschte, wehte der Wind schwach. Kleine Schneeflocken fallen den ganzen Tag über auf den Boden. Weiß war die übliche Pracht. Ab und zu konnten Dächer den Schneelast nicht halten. Auf die stille Jahreszeit konnte man rechnen. Weihnachten war dementsprechend eine frohe Abwechselung. Fazit: Die Welt, die Sie bisher in- und auswendig kennen, ändert sich langsam aber stetig. Es werden langanhaltende, stürmische Zeiten in der Nordhemisphäre kommen. Das ist noch harmlos formuliert. Werden wir mit dem technischen Fortschritt so weit sein, um Schutz in der Heimat auszuweiten? Schutzbunker halten nur vorübergehend. Sie sind nicht für die Langzeit konzipiert. Ur-Zivilisten bauten gewaltige Steinmonumente für ihre religiösen Praktiken. Von einem anderen Blickwinkel aus gesehen, ändern sich die Gegebenheiten seit der Ewigkeit. Die Gesellschaften vor uns hatten wage Vermutungen bezüglich der Zukunft. Den Naturkatastrophen wie Tsunamis entkommen wir nicht. Man kann sie lediglich ausweichen, in diesem Fall in die höheren Gebiete flüchten. Das Wort Schicksal beschreibt im Kern diesen Zustand.

Dolmen sind kleine Tempel in einer stürmischen Zeit. In der Umgebung hatten prähistorische Städter gelebt. Der Glaube musste sehr groß gewesen sein. Wie Ameisen verrichteten Arbeitskräfte ihre Dienste. Kamen Maschinen zum Einsatz? Sicherlich dienten sie in einem späteren Zeitalter als Grabstätte wichtiger Persönlichkeiten.

So paradox es klingt, in stürmischen Phasen findet man kaum einen ruhigen Platz auf dem Globus und doch gibt es ihn. Das Geheimnis liegt am Eispol, die Ruhe in sich. Schnee fällt üblicherweise moderat das ganze Jahr über.

Währenddessen sind gelegentliche Stürme alarmierend. Noch erschreckender wäre, wenn sie mehrfach auftreten und über die Oberflächen hinwegfegen. Gerade solche Turbulenzen werden häufiger auftreten. Amerikanische Orkane sind hier aufzuzählen. Ein Tornado wie aus dem Nichts tobte sich über einen Insel in der Karibik aus. Von ähnlichen Vorfällen meldeten vermehrt die Nachrichten. Tornados formieren sich über die Meere, um mit geballter Kraft gegen die Landmassen zu prallen. An der nördlichen Pazifikküste Asiens werden ebenfalls mehr Wirbelstürme gemeldet. Aus Südamerika kamen diesbezüglich weniger Meldungen.

Um zu verstehen, warum in der südlichen Halbkugel ruhigere Zeiten herrschen werden, müssen wir lediglich den Sonnenstand am Himmel genau beobachten. Blicken Sie auf den Mittagsschatten einer äquatorialen Palme. Steht er schräg, befindet sich die Sonne weiter im Norden bzw. Süden. An der Stelle, wo der Schatten punktförmig zu sehen ist, liegt der Wärmeäquator. Haben Sie an mehreren Plätzen die Sonne direkt über sich, lässt sich den Wärmeäquator bestätigen, worin der nördliche Erdball stärker erwärmt wird, was mehr Luftzirkulation zur Folge hat. Sie nähren die Tornados der Nordozeanen. Windparks auf den Nordkontinenten werden von leichten Turbulenzen profitieren.
Ohne Hindernisse in der Atmosphäre weht der wärmere Wind grenzenlos und vermischt sich mit der Luft weltweit. Darum spüren wir real die globale Erderwärmung.

DIE GLOBALE ERDERWÄRMUNG

Der Berner Geograph Martin Grosjean und der chilenische Archäologe Lautaro Nuñez haben 2002 wissenschaftlich herausgefunden, dass die Atacama-Wüste in Chile vor 10.000 Jahren Heimat für Mensch und Tier war. Die Region war ein Feuchtgebiet, kein Trockengebiet wie heute. Das Klima hatte sich öfters geändert. Sind die Temperaturen in den letzten Jahrtausend gestiegen? Eindeutig ja, nicht weltweit, sonst hätte es uns nicht gegeben. Wir würden die extreme Globalhitze nicht ertragen.

Heutzutage liegt jenes Feuchtgebiet viel nördlicher. Eine natürliche, lokale Klimaerwärmung musste wiederkehrend stattgefunden haben. Eine schleichende, katastrophale Trockenheit folgte. Wie wir sehen, betrifft es die Wüstenbildung. Dort waren davor Zivilisationen angesiedelt. Sie gehörten zu den frühesten Hochkulturen der Anden. Allein der Verfall und die Auflösung ihrer Reiche könnte richtig lang gedauert haben. Dies könnte jeden Ort auf der Welt betreffen. Aber die Geschwindigkeit variierte je nach Gebietsgröße. Bewohner haben eine echte Chance zum Weiterleben, folgen sie ihrem angeborenen Instinkt nach. Unser zeigt uns immer den richtigen Weg, damit wir der Gefahr entkommen.

Bei all den Klimaforschungen, Daten über die frühen Wetterverhältnisse liegen allseits vor. Die archivierten Aufzeichnungen stellen wichtige Fakten für die Forschung dar. Messungen in der Luft werden immer genauer erfasst. Zusammen mit den atmosphärischen Turbulenzen verteilt sich die vorkommende, Pol-bedingte Wärmestau und sorgt für die steigende Halbglobaltemperaturen. Denn bei stärkerer Sonne kann sich schnell Hitze bilden, Beispiel Death Valley in den USA. Hier können die Sommertemperaturen leicht 50°C betragen. Das heißt aber, dass Kühle (Halbkälte) ebenso schnell verteilt werden, besonders in der Nacht und bei Wolkentagen. Insgesamt haben Europäer weniger konstante Kontinentalkälte im heutigen Winter, im Sommer weniger beständige Kontinental-Schwüle. Das Wetter ist durchmischter, nicht rein winterlich und sommerlich, sondern ein Zwischenzustand. Insofern bekommen wir des öfteren den Sahara-Staub. Der nordamerikanische Wüstensand verteilt sich bereits und in Zentralasien[2] vergrößern sich die Trockengebiete. Konkret werden die höheren Gebiete bewohnbar. Zuerst wird die Bergluft wärmer, im nächsten Schritt die Hänge. Da oben werden die neuen Felder liegen.

Hingegen werden die Klimawerte in der Südhemisphäre etwas konstanter. Die globale Erderwärmung hat den Anschein, dass auch dort die Temperaturen sich geändert haben. Tatsächlich wurden die relativen Höchstwerte notiert. Die relativen Tiefstwerte werden aber länger halten. In der Gesamtheit werden die Differenzen steigen. Langfristige Klimabeobachtungen werden den Beleg für den tatsächlichen, kontinuierlichen Wandel liefern. Die

---

2 Erweiterte Definition nach UNESCO

globale Erderwärmung ist das erste Hauptaugenmerk. Längerfristig wird die Permafrost Einzug in Feuerland halten. Dies lässt sich durch Wetterdaten belegen, wonach das vergangene Kontinentalklima Europas nun in Patagonien zu finden ist, z.B. am 50. Breitengrad.

Luftturbulenzen sind in der Bedeutung harmlos, im Freien umso gewaltiger. Die Weltmeere bedecken die größte Fläche auf der Erde. Oberflächlich hat das Wasser die höchste Temperatur, während es in der Tiefe kälter ist. Der thermische Ausgleich erfolgt zwischen der obersten und unteren Schicht. In Polarnähe allerdings ist das Baden nicht angebracht. 2018 wurden Flüchtlinge im Mittelmeer gerettet, die stark unterkühlt waren. Das ist der Beweis, dass das Mittelmeer relativ kalt ist. Die Nordatlantik wird östlich vorwiegend vom Golfstrom aus der tropischen Zone erwärmt. Vergleichbare Ströme zirkulieren in den südlichsten Ozeanen. Im Gegensatz dazu fließen sie mit einer geringeren Geschwindigkeit. Dies macht sich durch das Phänomen des El Niños bemerkbar. Er wird in kürzeren, unregelmäßigen Abständen zurückkehren. Mit ihm entlädt sich die angesammelte maritime Nordwärmestau. Auch hier wird gleichzeitig die Polarwasserkälte zunehmen.

Kommen wir nochmal zurück zur Atacama-Wüste. Wird uns dasselbe Schicksal ereilen? Unsere Logik schließt diese Möglichkeit nicht aus. Ein Normalsterblicher würde vom Verhältnis 50:50 ausgehen. Sobald die Wärme über ein Feuchtgebiet steigt, verdunstet seine Oberfläche rascher. Über eine lange Periode trocknet der Boden aus und alles lokale Leben wird unweigerlich auf die eine oder andere Weise dezimiert. Die Erosion trägt ihr Übriges bei. Ganze Landstriche könnten zur Wüste werden. Aus diesem Grunde wird Wasser absehbar knapp, weil der Regen mehr und mehr ausbleibt.

In erster Linie verbraucht eine große Bevölkerung viel davon. Seine optimale Verwendung steht an, da die Kosten steigen werden. Das Bauen von neuen Förderanlagen erfordert die Beseitigung von industriellen Verseuchungen. Alternativ müssten Städte in schneereiche Regionen verlagert werden. An zweiter Stelle schrumpft das natürliche Quellenvorkommen stetig. Weniger Eis heißt kleinere Flüsse, Bäche, Seen. Das Grundwasser sinkt. Drittens steigt die feuchtere (wärmere) Luft auf, schließt sich zu Wolken zusammen und transportiert die Wassertröpfchen anderswohin. Dort gefrieren sie u.a. zu Schnee und verbleiben im Südpolarkreis.

Vor allem fällt sehr viel Niederschlag in der tropischen Zone, etwas weniger in den Subtropen, noch weniger in der gemäßigten Zone. Die ganzjährige, immergrüne Vegetation ist weniger vorhanden, je näher die beständige Wärme heranrückt. Wir können behaupten, die gewohnte Luft in der gemäßigten Zone verlagert sich in die Polarrandnähe. Kalte/kühle Winde über den Ozeanen lassen die warme Feuchtigkeit verdichten. Es regnet dann öfters und in Strömen. Die tropische Atmosphäre speichert am meisten Wassertröpfchen, je wärmer das Klima desto mehr. Kommt nun einmal ein kalter Windzug, so fällt der Regenfall umso heftiger aus. Es kann örtliche Überschwemmungen verursachen. Fazit: Die gemäßigte Zone ändert sich mehr, je dauerhafter die Sonne den Boden erwärmt. Angrenzend liegen ja auch die meisten Trockengebiete (Wüsten, kahle Landschaften). Bis hierher kommen selten kalte Luftzüge an. Wirklich hohe Lagen bilden hingegen Ausnahmen, z.B. Kilimandscharo.

DIE VÖLKERWANDERUNG

Aus der Vergangenheit wissen wir, die Völker der Welt begaben sich ständig auf Wanderung, bedingt durch die unterschiedlichen Lebensbedingungen. Davor zogen Tiere durch die Tundra. Zuerst waren die Pflanzenfresser unterwegs, dorthin wo die Vegetation in Ordnung zu sein schien. Dann folgten die Jäger. Die Fauna verschob sich genauso wie die Flora im Laufe der Zeit. Vor der Schmelze lebten Bakterien oder spezialisierte Lebensformen in der extremsten Umgebung.

Eine Ausschweifung nach Afrika. Das Wild hält sich an den Wasserstellen auf, welche bei Trockenheit relativ schnell austrocknen. Erst in dieser ausweglosen Situation müssen die Herden sich in Bewegung setzen, um nach neuem Wasser zu suchen. Durstige Tiere, die nichts finden, verenden qualvoll, mit ihnen die Raubtiere, die zunächst immer aggressiver ihre Tränke verteidigten, schließlich als letzter sterben müssen. Menschen zeigen genau dieses Verhalten. Das angeborene, aggressive Verhalten führte zu Kriege. Insofern können wir behaupten, die Fauna bleibt an Orten mit guten Lebensbedingungen. Natürlich spielen Abweichungen eine Rolle. Sie sind das, was nicht einfach eingeordnet werden kann. Nicht selten geraten Fische außerhalb ihres Schwarms, die bestrebt sind, zusammenzuhalten.

Wie war es bei den Halbmenschen? Meist ernährten sie sich vegetarisch, als ihnen Werkzeuge noch fremd waren. Schimpansen gleichen uns genetisch zu fast 100 %. Abgesehen von gelegentlichen Würmern oder Läuse nehmen sie rein pflanzliche Kost zu sich. Überhaupt ist es fraglich, ob im Magen gelandete Insekten gut verdaut werden können oder Durchfall ihnen plagt. Ähnliche Szenarien trifft absolut auf uns zu, weshalb wir unser Essen bevorzugt kochen. Wir vertragen Pflanzen zu einem hohen Grad besser. Fleisch schmeckt aus Gewohnheit gut, doch es verdirbt schnell. Außerdem kann es nicht die gesamte Bevölkerung satt machen. Brot hingegen schon. Im Mittelalter fehlt dieses oftmals dramatisch. Zum Glück hatten Kartoffeln Konjunktur. Bewiesen ist, manche von uns essen sehr wenig, nehmen trotzdem merklich zu. Ihre Mägen sind im Grunde hervorragend.

Auf die Zukunft übertragen: Ohne die natürliche Vegetation können wir langfristig nicht außerhalb der Erde leben. Sie ist unser grünes Paradies. Alternativ müssten Maschinen den Sauerstoff und die Nahrung liefern, was sich noch utopisch anhört.

DER MOND

Blicken wir ins All, realisieren wir an erster Stelle den Mond. Er dreht sich nicht mehr, zeigt uns anscheinend immer die selbe Seite obgleich er im frühen Zyklus schneller gedreht haben musste, hat er doch einen Ballform. Rotiert er noch minimal um die eigene Achse? Es ist nicht bewiesen, dass Planeten rund zu sein haben, denn Meteoriten behalten ihre typische Gestalt. Der Erdtrabant bildet eine Ausnahme, weil er sich in 27,3 Tagen einmal um die Erde kreist. Jahreszeitliche Unterschiede formen seine Oberfläche. Seine glänzende Schicht zeugt von hoher thermischer Einwirkung oder Langzeitbeeinflussung, etwa über Zehntausende von Jahren. Die Bodenbeschaffenheit war Gegenstand der Erforschung. Fest steht, Staub, Körner und Gesteinsbrocken bilden den mit Kratern übersäten Boden. Üblicherweise liegen die Regolithe in Wasser. Man könnte annehmen, der Mond war über sehr lange Dauer von einem einzigen Meer bedeckt. Seine Gezeiten bewegten sich wellenartig. Doch irgendwie hat die Sonne die Feuchtigkeit verdunsten lassen.

Eine revolutionäre Theorie wirft Fragen auf. Kann es sein, dass der Mond durch und durch aus feinem Material besteht? Meteoriten pulverisierten seine Oberfläche nicht. Sie trugen für das Gestein bei, indem sie an der Erde vorbei flogen und in der Atmosphäre verglühten. Danach landen sie auf den Erdtrabant. Bestehen Kometen ebenfalls aus losem Material oder werden sie in erster Linie von der Erde angezogen? Felsen sind Überbleibsel der Laven, die auf größeren Planeten vorkommen. Lunare Bestandteile stammen von ihnen. Warum nicht aus kürzerer Entfernung? Regolithe weisen eine ähnliche Mikrostruktur wie Erdstaub auf, die durch lunare Bedingungen verändert wurden. Nichtsdestotrotz fühlen sie sich sehr fein an. Wie kann das sein? Sind kleine Planeten ähnlich beschaffen? Fangen sie ab einer bestimmten Masse zu leuchten an? Wie erfolgt die Kettenreaktion? Aus galaktischen Beobachtungen ist die Zündung möglich, obwohl kosmische und irdische Staubgröße nicht im selben Verhältnis stehen.

Die Antwort lautet bestimmt: Unser Feinstaub gelangte bis zum Mond. Doch die Schwerkraft wirkt dies im Normalfall entgegen und er hat nicht immer die gleiche Beschaffenheit. Im Laufe einer kosmischen Periode sammelten Mond und Erde ihn ein. Wie er ins Weltall geschleudert wird, hat erstens mit den Kratern zu tun. Beim Einschlag wirbelt ein großer Meteorit ungeheure Staubmengen in den luftleeren Raum auf. Zweitens, falls mit Monderuptionen zu rechnen waren, schleuderte seine Vulkane Asche und Staub in seine weite Atmosphäre und zwar 6-fach so weit wie auf der Erde (1/6 Erdschwerkraft). Möglicherweise waren die Aktivitäten klein dimensional. Drittens könnte der Staubaustausch in umgekehrter Richtung erfolgt sein. Vulkanausbrüche fanden auf der Erde zu 100% statt. Ein minimaler Prozentsatz des Aschendunstes gelangte in den luftleeren Raum. Viertens, in der großen Warmzeit dehnte sich die Erdatmosphäre einseitig aus. Extreme, dauerhafte Austauschwinde wüteten in der höheren Stratosphäre. Dunkle Wolkenschübe mit winzigen Partikeln wurden in den nahen Weltraum geschleudert. Wir müssen nur die Erdschichten ansehen, die sich während den Phasen angesammelt haben. Der Mond brauchte sehr viel Zeit, um die restlichen Partikeln einzusammeln. Meteoriten wiederum torpedierten seine Oberfläche und sorgten für eine dünnere Staubschicht auf seiner erdnahen Seite. Für diese These spricht außerdem die Umkreisung des Mondes um die Erde in gleicher Richtung wie die Erdrotation. Wenn die Feststellung keiner Korrektur bedarf, entfernt sich der Erdtrabant seit Urzeiten von uns, jedoch minimal, wie wir nicht registrieren können. Sicherlich wird sich die Neigung der Mondbahnfläche von 5° gegen die Ekliptik in der fernen Zukunft ändern.

Während der Kometenschweif sichtbar ist, da er aus gefrorenen Gasen besteht, bleibt der Rest unsichtbar.

DIE ERDUMDREHUNG

Neben dem Mond sehen wir die Planeten in unserem Sonnensystem. Sie alle rotieren unterschiedlich schnell. Genau wie die Erde drehen ihre Achsen innerhalb ihrer Phasen. Diese Geschwindigkeiten sind für uns nicht zu erfassen. Für uns bewegen sie schlichtweg nicht. Sie

scheinen fix zu sein. Dem ist nicht so. Der Venus zeigt mit seiner Achse auf die Sonne. Dort herrscht gerade die große Warmzeit bzw. die große Eiszeit.

Aus dem Tag-Nacht-Wechsel rotiert die Erde in 24 Stunden einmal um sich selbst, also schneller als die Umkreisung des Mondes. Ferner umkreist der blaue Planet die Sonne in einem Jahr. Diese rotiert schneller. Ob die Bewegungen sich nach und nach verlangsamen werden, steht zur Diskussion. Im Weltall gibt es keine sichtbare Reibungsfläche, die solches zulässt. Streng genommen, drehen Erde und Mond in ihrem Verhältnis zueinander. Beobachter außerhalb des Sonnensystems können die tanzende Dynamik beider sehen. Das ehemals vorherrschende geozentrische Weltbild von Claudius Ptolemäus (der katholischen Kirche) ist also nicht zu 100% falsch.

Zu einer bestimmten Zeit wird die Erdachse auf die Sonne zeigen. In dieser Warmzeit wird die Hitze am Polzentrum am größten sein. Ausgehend vom sogenannten Südpol schien die Sonne dauerhaft für eine kleine Ewigkeit. Entweder werden die hitzigen Gebiete kaum bewohnbar sein oder gar nicht betretbar. Die Gebiete nahe dem Äquator werden sehr rau und sehr stürmisch werden. Das liegt an den 2 Extrempolen, die absolute Dauerhitze, auf der anderen Seite die absolute Dauerfrost. In der Frühzeit hatte es überdimensionale Tiere und Pflanzen gegeben. Sie mussten um des besseren Überlebens Willen sehr robust und schwergewichtig sein. Ihre Panzer, harte

Baumstämme hatten sich bewährt. Langlebige Riesen lebten vorteilhaft in dieser dauerhaften Umgebung. Sie existierten hauptsächlich auf der hellen Seite der Welt. Auf der dunklen Seite lebten nachtaktive Lebensformen, die widerstandsfähig genug waren und sich in der Dunkelheit orientieren konnten. Sie lebten wohl oder übel von Pflanzen und Tierarten der Schatten- sowie der Mikrowelt. Parallel dazu existierte die Meeresfauna und Meeresflora. Unsere Tiefseebewohner teilen das gleiche Schicksal. Wale haben ein Sonar-Organ, mit welchem sie ihre unsichtbaren Beute jagen können. Viele Meerestiere verstecken sich gerne in der Dunkelheit. Dort sind sie mehr vor Feinden geschützt.

Die Orientierung ist eine Sache, die Eiseskälte eine andere. Entlang dem Äquator der dunklen Seite waren die Gebiete bewohnbar durch die höhere benachbarte Wärme auf der Gegenseite, die das Eis schmelzen lies. Die Atmosphäre war im Vergleich weniger sauerstoffreich dank der halben, hellen Welt. Vorteile hatten die Lebewesen, die sich zwischen den warmen und kalten Zonen wechseln können. Die Evolution erfolgte mit Hilfe der Sonne.

VERLAGERUNG DER NORDVEGETATION

Aus der Verwurzelung entwickelten Bäume hingegen die Frostbeständigkeit. Zu ihnen gehören Tanne, Fichte, Eiche, Zypresse usw. Falls am Nordpol kein Eis mehr existiert, wäre die Überlegung sinnvoll, diese Bäume in die kalten

Gebiete zu verpflanzen. Die Voraussetzungen dort sind für sie wie geschaffen. Ziel ist die Fortsetzung ihrer Evolution. Gleichzeitig bleiben Tundren nicht baumlos. Die Nordflora ist wichtig für die Nordfauna. Beides kann eine ihr zugewiesene Naturheimat finden. Von alleine finden sie den Weg auf die andere Polseite nicht. Eisbären und Co. finden ansonsten immer weniger Zufluchtsorte außer in den Zoos. Die Fauna am Südpolarkreis könnte fremd für sie sein.

Zypresse am Delphi Tempel passt zur religiösen Vorstellung von der blauäugigen Göttin Athene. Solche Orte lagen in schneebedeckten Regionen, wobei die Temperatur an der Küste mild war. Große Kriege brachten den Chaos mit.

NÄCHSTE WARMZEIT IM HOHEN NORDEN

Noch wissen wir nicht, in welche Richtung sich die moderne Zivilisation weiterentwickeln wird, zum Guten oder Schlechten. Es hat keinen Sinn, an bösen Vorbildern festzuhalten. Sie hatten viel Unheil angerichtet. Wenn wir alles wie bisher der Natur überlassen, werden wir eine Unmenge von fatalen Überraschungen erleben. Die

Welt steht nicht still und bleibt nicht ewig in der jetzigen Form erhalten. Das wirkt sich auf das gesamte Planetenleben aus. Stellen Sie sich vor, der Globus bewegt sich mit dem Nordpol in Richtung der Sonne. Dieses Szenario ist die nächstmögliche Realität. Bis zur Zielposition würde es ungemein lang dauern. Mit der Zeit wird der helle Tag immer länger, immer mehr Eis wird geschmolzen haben. Schließlich wird die Nordkappe eisfrei. Die Sonnenstrahlen treffen direkt auf den Nordpolarkreis. Diesbezüglich werden die nordischen Bewohner der Sonne direkt ausgesetzt sein. Bis dahin werden sie dunkelhäutig, kleinwüchsig geworden sein oder sich angepasst haben. Nicht zu vergessen sind die neuen, geografischen Lagen der Nordkontinente. Die zukünftigen Zivilisten könnten in modernsten, robustesten Bauten leben. Sie könnten in den Ozeanen leben, mit ihren Minivegetationen, notfalls unter künstlichem Licht. Mit Sicherheit werden Sauerstoff und pflanzliche Nahrung benötigt. Der Grund: Viele Länder der Nordhalbkugel werden per Dauersonnenschein oberirdisch unbewohnbar sein. In der hochmodernen Zukunft werden Wissenschaftler, Ingenieure, Architekten, Ärzte und viele andere vor den Herausforderungen gestellt sein, Abhilfen zu schaffen.

Die vergangene Warmzeit war durch Dauertrockenheit auf den wärmsten Landmassen gekennzeichnet – kein Wunder bei solch dauerhaft-hohem Sonnenstand. Schutz vor der Extremhitze fanden die Tiere an den Ufern. In der Nachfolgezeit kam hier der Regen allmählich zurück.

Flüsse in Landesinneren trockneten aus. Nach einer Dauerperiode finden wir heutzutage Nilpferde, Krokodile, Alligatoren, Delfine, Wale, Schildkröten, Walrosse, Seehunde, Pinguine im Wasser, alles ehemalige Landtiere, die Luft atmen. Eine Anzahl von ihnen fanden ihre neue Heimat derart gut, sie blieben in den Flüssen und bevölkern zusätzlich die Ozeane. Seitdem sind sie darin bestens aufgehoben. Sie müssen dermaßen lange existiert haben.

Vor ihnen bevölkerten Fische das Gewässer. Haie, Tintenfische existierten erwiesenermaßen in der Urzeit. Maritime Fauna und Flora brauchen die Luft nicht. Stattdessen wandeln ihre prominentesten Vertreter – Phytoplanktons – den Kohlendioxid unter Photosynthese in Sauerstoff um. Kiemen filtern den Sauerstoff aus dem Wasser. Aus diesem Grund können Seebewohner in Flüssen mit permanent ausgestorbenen Pflanzen ersticken, per Dauerhitze gekocht werden. Wasser ist die flüssige Form der flüchtigen Atmosphäre. Darin ist die Heimat der Lebensformen eingebettet. Stets waren alle Ozeane nicht gleichzeitig zugefroren. Auch verdampften sie nicht vollends. Dies kam den kontinuierlichen Lebensprozessen zugute.

Hin und wieder könnten sich das trockene Gras in Landschaften größter Hitze schnell entzünden. Bäume könnten von den Feuer erfasst werden. In diesem Fall hatten die Tiere Vorteile, die schnell fortlaufen oder von einem Baumwipfel zum anderen springen bzw.

herunterfliegen konnten. Diese Eigenschaften besitzen u.a. die Affen, Vögel, einfache Segler. Als die Wälder durch die Trockenheit in Mitleidenschaft gerieten, verteilten sich die Herden. Sie suchten das Weite. Allerdings konnten die Vögel ihr Lebensbereich wesentlich erweitern. Die Flugrouten von ihnen sind heute bekannter denn je. Bei einem Vulkanausbruch z.B. suchen sie sich die nächsten, grünen Plätze im Vorbeiflug aus.

Was Trockenzeit in den Steppen Afrikas anbelangt, überleben Bodenorganismen, indem sie tief unten in der halbwegs feuchten Erde in der Starre verharren. Sie erwachen in der Regenzeit im von Wasser gestauten See an jener Stelle. In der finsteren, unterirdischen Welt herrscht reges Treiben seitens der Käfer, Würmer, Larven, etc. Tiefbohrungen belegen die autarken Lebensräume von Bakterien in ungeahnter Bodentiefe. Darin finden sie ihre Nahrungsquellen.

Rätsel gab uns die vielen Höhlenzeichnungen in den trockensten Gegenden der Welt auf. Die Motiven schildern meistens eine grüne Fauna und Flora in der Frühzeit, als Feuchtigkeit an jenen Orten die Regel war. Beispiel, ein französischer Forscher förderte Belege aus dem großen, länderübergreifenden Raum der Sahara ans Tageslicht. Zwischen den Tälern und felsigen Orten fand er Hinweise auf allerlei Tiere, Menschen, Seewasser und Bote. Auf Satellitenbilder ist noch ein großer See in der Sahara zu sehen, welche rapide zu einem winzigen See verdunsten kann. Über die meiste Zeit ist das Gebiet trocken. Bei einem Monsunregen fällt so viel Wasser wie in einem Jahr auf diese Wüstenstelle. Das gewaltige Wasser staut sich schlagartig zu einem großen See. Richtet man den Blick auf die ganze Sahara, so fällt der Sand oder das Seeuntergrundsediment auf. Das Wasser sickerte langsam und unaufhaltsam in den trockenen Wüstenboden oder ist längst verdunstet.

Was geschah vor der Trockenheit in Nordafrika? Mit Brunnen wurde in frühen Zeiten das Wasser für die Plantagen heraufgeholt. Sie sind seitdem in der verlassenen Landschaft vorhanden. Der Wasserspiegel liegt heute viel weiter unten. Man musste die künstlich angelegten Kanäle unter der Erde immer wieder tiefer ausbauen. Von den Ägyptologen wissen wir, die anfänglichen Herrscher hatten ihre Hauptstädte immer wieder verlegen müssen wegen dem Wasserrückgang. Auch die Hauptstadt des legendären Ramses II kämpfte ums Überleben. Ihre Einwohnerzahl verringerte sich, die mächtigen Bauten blieben. Neue Herrscher holten daraufhin die alte Infrastruktur und errichteten Sie in ihre neuen Zentren. Auf Grabmalereien sind die notwendigen Techniken dargestellt, bei denen unter anderem der Sand für den Umzug befeuchtet wurde. Er erhält die Gleiteigenschaft ähnlich wie Schnee.

Weil mehr Regen fiel, stand die ganze Sahara ehemals unter einem gewaltig gestauten See. Die Temperaturen waren milder. Eine grüne Vegetation war vorhanden.

Doch dann wurde es Jahrhundert für Jahrhundert heißer. Die Nordafrikaner suchten nach neuen Weideplätzen. Nach mehreren Jahrtausenden fuhren die Mauren nach Übersee, fanden in Spanien eine grüne Landschaft mit genügend Wasser vor und siedelten sich an. Auf dem spanischen Territorium bleibt der Regen nun öfter aus. Es besteht eine Beziehung zum trockenen, nordafrikanischen Luft. Nördlicher ist die Landschaft noch natürlich grün.

Folgen wir dieser Tendenz, verschiebt sich die grüne Landschaft in Richtung Nordpol. Und danach? Danach wird wohl die afrikanische Dürre folgen. Erst viel später verlagert sich der tropische Gürtel in den Norden. Abhilfe finden wir in der südlichen Hemisphäre, wo die Landschaft mit dem feuchten und kühlen Klima wieder grüner wird.

Bis zur Mitte der Warmzeit irgendwann in ferner Zukunft befindet sich der tropische Gürtel mit extremer Dauerhitze am Nordpol, gemeint ist Dauersonnenschein über viele Epochen hinweg. Ein Großteil der nördlichen Hemisphäre kann sehr trocken und unbewohnbar werden. Grünes herrscht an den niedrigen Breitengraden sowie teilweise an den Küsten. Vier Jahreszeiten werden an den höheren Breiten völlig unbekannt sein. Gefahr wird an dunklen, warmen Gebieten lauern. Sie verursachen viel Leiden, da wir nicht wirklich nachtaktiv sind. Davor warnt uns der Buddhismus. In der Finsternis schwindet der gute Glaube. Dies steht außerdem in direkter Verbindung mit den abwechselnden, kleinen

Eiszeiten. Daran wird sich die anschwellende Polarnachtzone anknüpfen (große, finstere Eiszeit). Extreme Dauer-Stürme werden in den äquatorialen Zonen die Regel sein. Auf den Weltmeeren werden Monsterwellen für Verwüstungen sorgen. Gute Beispiele sind z.B. die Steilufer der Inseln oder runde Ufersteine. Sie zeugen von permanenter Naturgewalteinwirkung. Großwüchsige Flora und Fauna werden sich durchsetzen. Ihr enormes Gewicht und ihre Körpermassentemperatur werden gebraucht.

DIE NÄCHSTE EISZEIT IM SÜDLICHSTEN

Mit der Warmzeit auf der Nordhalbkugel scheint die Sonne gleichzeitig immer weniger auf der Südhalbkugel. In zeitlicher Reihenfolge wird die dunkle Nacht immer länger dauern bis sie schließlich für eine halbe Ewigkeit überhandnimmt. Die Eismassen dehnen sich überall hin aus. Am Rande der einzigen, zugefrorenen Zone kann die Fauna sich behaupten, wenn sie die Frostkälte meistert. Das Klima wird sich in jedem Fall ganz allmählich in die Extreme bewegen. Die Tiefsttemperaturen werden die Permafrost über sehr weite Teile der Südhalbkugel begünstigen.

In der Kälte nimmt die Körpermasse nach Generationen zwecks Wärmeverlustverringerung zu. Des Weiteren wirken sich folgende Aspekte positiv aus: die Wärmeisolierung des Fells, der Haut ohne Poren, dicke Fettschichten unter der Haut, die Hufen, das Schlafen im

Stehen, die bessere Wärmeaufnahme der dunklen Haut wie beim Eisbär, des dunklen Fells in der Tundra, die natürlichen Frostschutzmittel im Körper sowie in Pflanzen. Solche Evolutionsmerkmale werden sich noch stärker ausprägen.

Ab der letzten, großen Eiszeit am Südpol verschob sich der Sonnenstrahlenäquator am Nordpol mit einer minimalen Geschwindigkeit in Richtung Süden. Die Fauna und Flora folgte mit. Über die vereisten Flächen gelangten die Wanderherden überall hin, praktisch auf das amerikanische, afrikanische, indische, asiatische, australische Kontinent, sogar auf die Südpolregion. Jeweils nach einer unglaublich langen Phase wurde aus dem Eis- ein Hitzepol und umgekehrt. Am schlimmsten war die Tatsache, dass nahezu das gesamte Leben sich an wenigen Regionen Amerikas, Afrikas, Indiens, Südostasiens, Australiens und für eine Zeit am Südpol konzentrierte. Hinzu kam, dass Dauerorkane und intensive Dauerregenfälle die niedrigen Oberflächen unbewohnbar machten. Als Folge der Hitzeentwicklung siedelten sich die dezimierten Zivilisationen auf den Bergen an. Sie harrten aus.

Mit dem Ende der Südwarmzeit wird die anfängliche Eiszeit wiederkommen. Währenddessen gedeiht es nordwärts. Der intensivere Wärmeäquator bewegte sich ganz langsam wieder dem Äquator zu, verschiebt sich noch weiter in den Norden. Die bekannte Völkerwanderungen (Stammesverlagerungen) werden sich wieder fortsetzen, entweder von den Tälern in den Bergen oder umgekehrt (Südhemisphäre) oder von Süden nach Norden. Moderne Menschen bevölkern bereits alle Nordkontinente. Alle Südgebiete waren ideal für das vorhergehende Leben. In der Buddhistischen Definition werden sie als fühlende oder empfindliche Wesen bezeichnet. Trotz klimatischer Veränderungen sind diese Heimatorte in Afrika, Indien, Südostasien, Australien, Südamerika noch ideal. Das ist davon auszugehen aufgrund der in den Genen vererbten Hautfarben und des kleineren Körperbaus der Ansässigen. Mit den zunehmenden Südpoleisflächen werden die Lokalbürger längerfristig umziehen müssen.

MASCHINEN, ROBOTER, ROBUSTE BAUTEN

Kommen wir zu einem Aspekt, welchen wir für selbstverständlich halten. Gut gebaute, große Maschinen können uns nämlich Hilfe, Schutz, Wohnkomforts und vieles mehr anbieten. Warum setzen wir sie in der Zukunft nicht ein? Zwar müssen sie wiederkehrend erneuert werden, dürfte technisch problemlos zu realisieren sein. Über die Dauer stehen wir diesbezüglich vor gewaltigen Herausforderungen, von der extremen Stabilität über die Langlebigkeit bis hin zu den technisch innovativen Erneuerungen. Wir werden mit ihnen intelligente Roboter, neuartige Wohnanlagen auf dem Land, unter der Erde, in den Ozeanen und im Weltall bauen. Neueste Erfindungen helfen, neue Wohnmöglichkeiten zu erschaffen, zu erhalten, zu erweitern, neues Leben effektiv zu unterstützen, uns Butler-Roboter zur Seite zu stellen.

Werden unabhängige Unikate ähnlich wie wir denken können, könnten sie unsere Freunde werden. Würden sie unsere tagtägliche Vorlieben kennen, könnten sie manipulativ zu unseren Feinden umgepolt werden. Das ist gewiss eine potentielle Gefahr. Vielleicht hilft die Vorstellung, dass wir und unsere Maschinen aus den Elementen der Erde bestehen. Wenn wir vergehen können, können Roboter auch. Sicher, unsere metallenen Begleiter könnten uns hunderte von Jahren gute Dienste leisten. Wie lange sie aufrechterhalten werden, bleibt fragwürdig. Werden sie in 10.000 Jahren noch funktionstüchtig sein? Hochkulturen sind untergegangen.

Nicht berücksichtigt sind die zukünftigen Technologien.

Relikt der Khmer-Hochkultur.

SCHLUSSWORT

Last but not least haben zahlreiche Persönlichkeiten sich für die Wissenschaft eingesetzt. Alles was wir lernen, was wir intuitiv wissen, führt zum Vorteil um die Frage, warum wir existieren, warum sich alles um uns real anfühlt und nicht anders herum. Die letzten Zweifel werden Fachleute ausräumen müssen. Dazu bedarf es ungeheure Erkenntnisse. Weitere Forschungsergebnisse werden beweisen, ob wir bisher in der Theorie und Realität richtig liegen. Vieles haben wir schon verwerfen müssen. Intelligente Maschinen sind wichtige Stützen in den allermeisten Belangen. Wenn wir alles um uns herum beobachten, stellen wir fest, dass allein Städter sich von Dorfbewohner unterscheiden. Hoffentlich ist der Sachverhalt in diesem Buch genügend gut beschrieben. Ohne Bildung hat man nicht die Interesse, sich um außerirdische Vorgänge zu kümmern. Vielmehr kommen menschliche, gedankenlose Züge der Dominanz zum Vorschein. Die einfache Bäuerin sieht ihr Feld. Sie fühlt sich nicht angesprochen, wenn es um das Wetter geht. Eine Pandemie reicht vollkommen aus und die weltweite Desinteresse nimmt Überhand. Wie Martin Luther es formulierte, sollten wir uns um die inneren Werte kümmern, anstatt ausschweifend österliche Feste zu zelebrieren.

Wird die Menschheit stets den nächsten Morgen erleben? Wahrlich wird es so sein, nur nicht wie wir uns wünschen. Die Natur hat das letzte Wort. Daran lässt sich die

Überraschung ermessen. Aus der Hilflosigkeit tendieren wir dazu, logische Begründungen nicht in Frage zu stellen. Dabei gehen Wissenschaftler ihrer Leidenschaft oder Faszination nach. Sie haben unterschiedliche Leitmotive und dementsprechend sehen Ihre Ergebnisse aus. Mitunter sehen ihre Arbeit kontraproduktiv aus. Wahre Experten können besser beurteilen. Allerdings sind sie Mangelware. In der Hoffnung erscheint ein weiteres Ziel, das zu erforschen wertvoll den Horizont erweitert. Wir entscheiden selbst, in welcher Gesellschaft wir in ferner Zukunft leben möchten. Kennen Sie einen Ort mit wenig Überlebenschancen, müssen Sie diesen verlassen, um anderswo ein neues Leben aufzubauen. Wir sind keine Löwen, die ihre Wasserstellen mit aller Macht verteidigen. Sie wissen, kleine Seen werden sich in der Hitze auflösen, das Tier nicht. Können wir sie irgendwie vor der Austrocknung schützen, müssen wir nicht für die Vermehrung des kostbaren Guts sorgen? Im Moment spüren wir keine Durst, weil wir Trinkwasser für selbstverständlich halten. Hunger macht uns zu schaffen. Aber auf trockenem Boden kann nichts wachsen. Mit der Sorge beginnt die Vorkehrungen. Die Religionen zeigen uns die vorhandenen Gefahren auf. Uns bleibt nichts anderes übrig als mit den guten Vorsätzen zum Wohle einer besseren, friedlichen Welt von morgen anzufangen. Dabei können Roboter helfen, unseren Hunger zu stillen. Sie können pausenlos Lebensmittel produzieren, wofür wir oftmals keine Zeit haben. Dieses Bewusstsein zu wecken, ist außergewöhnlich wichtig. Andernfalls verfallen wir weiterhin in desaströsen Kriegsverwirrungen.

Es ist keine Freude, sich als Bandit aufzuführen. Gerade böse Mitbürger haben es nötig, sich hinter den Guten zu verstecken. Die gedankenlos Grausamen benutzen die Besseren für ihre Zwecke.

Von daher erhält der Glaube weiterhin seinen permanenten Platz für die seelische Unterstützung in allen Gesellschaften, sei es irdisch oder auf außerirdischen Planeten. Kommt Zeit, kommen neue Überlebensstrategien. Nach dem aktuellen Wissensstand bewegen sich die Planeten einschließlich der Sonnen auf ihren Bahnen. In einer Galaxie wirken gewaltige, kosmische Kräfte, denn unser Sonnensystem ist in einem Massenumlauf eingebettet. Ob Galaxien in ähnlicher Weise angetrieben werden, wird in der Zukunft beantwortet werden können. Dies ist eine mögliche Option.

Das schöne Leben, damit unser entstand aus einer Laune der Natur. Es löst sich nach einer Weile wieder auf. Angenommen wir sind alle am 12.12.2012 geboren. Warum nicht 1 Tag zuvor? Warum nicht ein Jahr eher? Warum nicht mit demselben Körper in der Zukunft? Warum kamen wir überhaupt auf die Welt? Frau und Mann treffen sich aus der Masse heraus zufällig. Lass uns in unserer Lebenszeit gut zueinander sein. Genießen wir unsere Lebensjahre.

Den aufrichtigen Vätern gewidmet, die stets an das eigene Kind glaubten, es geduldig förderten.

DruckDesignOase

Duc Hao Luu
Mühlleitenweg 73
98639 Wallbach
Mobil: +49 176 2125 6838
         0179 257 4403
Email: info@DruckDesignOase.de

Mittbacher Str. 10
81829 München
089 95 444 963

Stand: April 2020
         2. Fassung
Bundesrepublik Deutschland